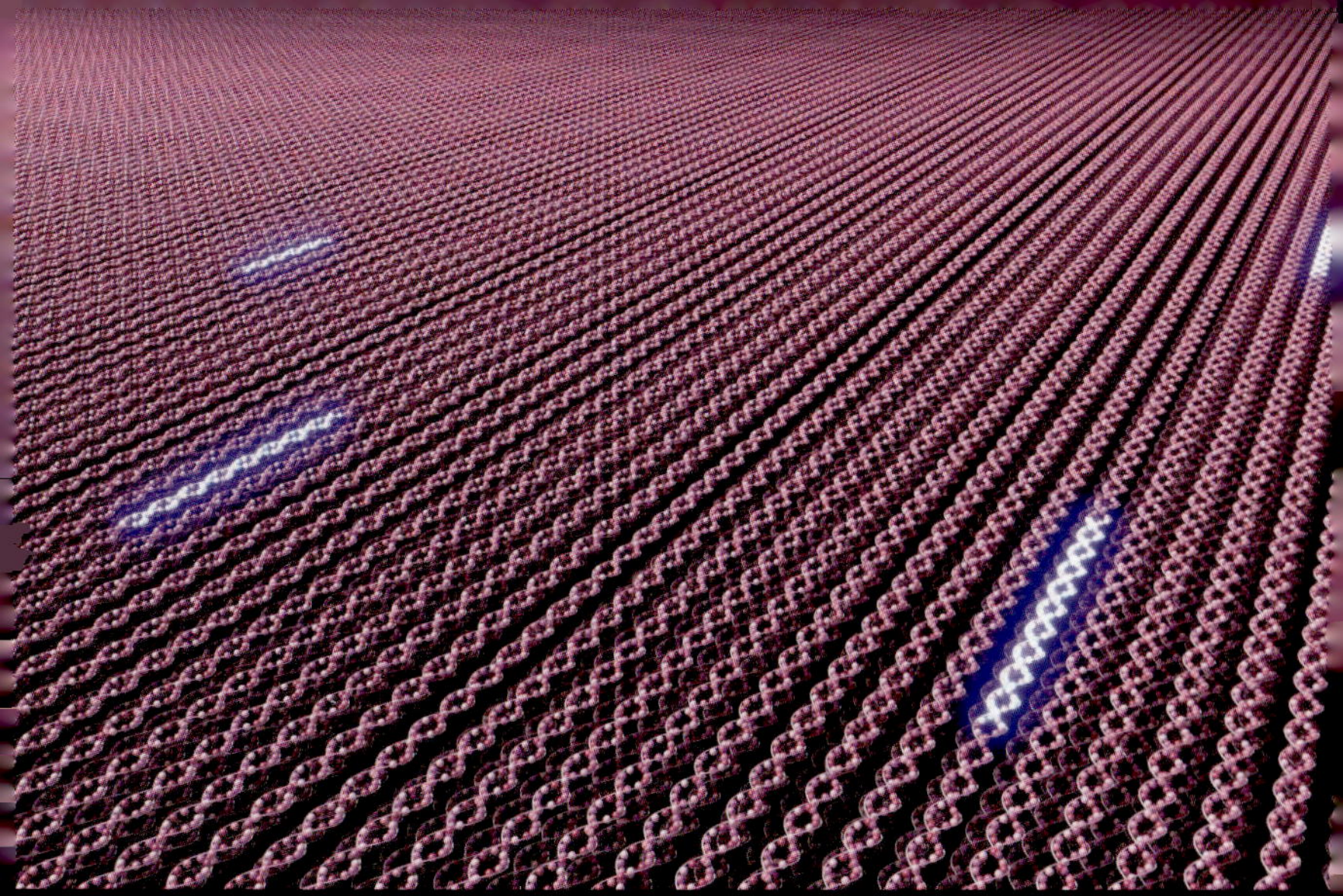

遺伝子（青色の箇所）だけでなくDNA全体が今、探究され、人間の可能性を広げる驚きの発見が相次いでいる。

シリーズ人体

遺伝子

I

健康長寿、容姿、才能まで秘密を解明！

NHKスペシャル「人体」取材班

「命の設計図」DNAのリアルなCG画像。ここには人間の運命をも変える力があった。

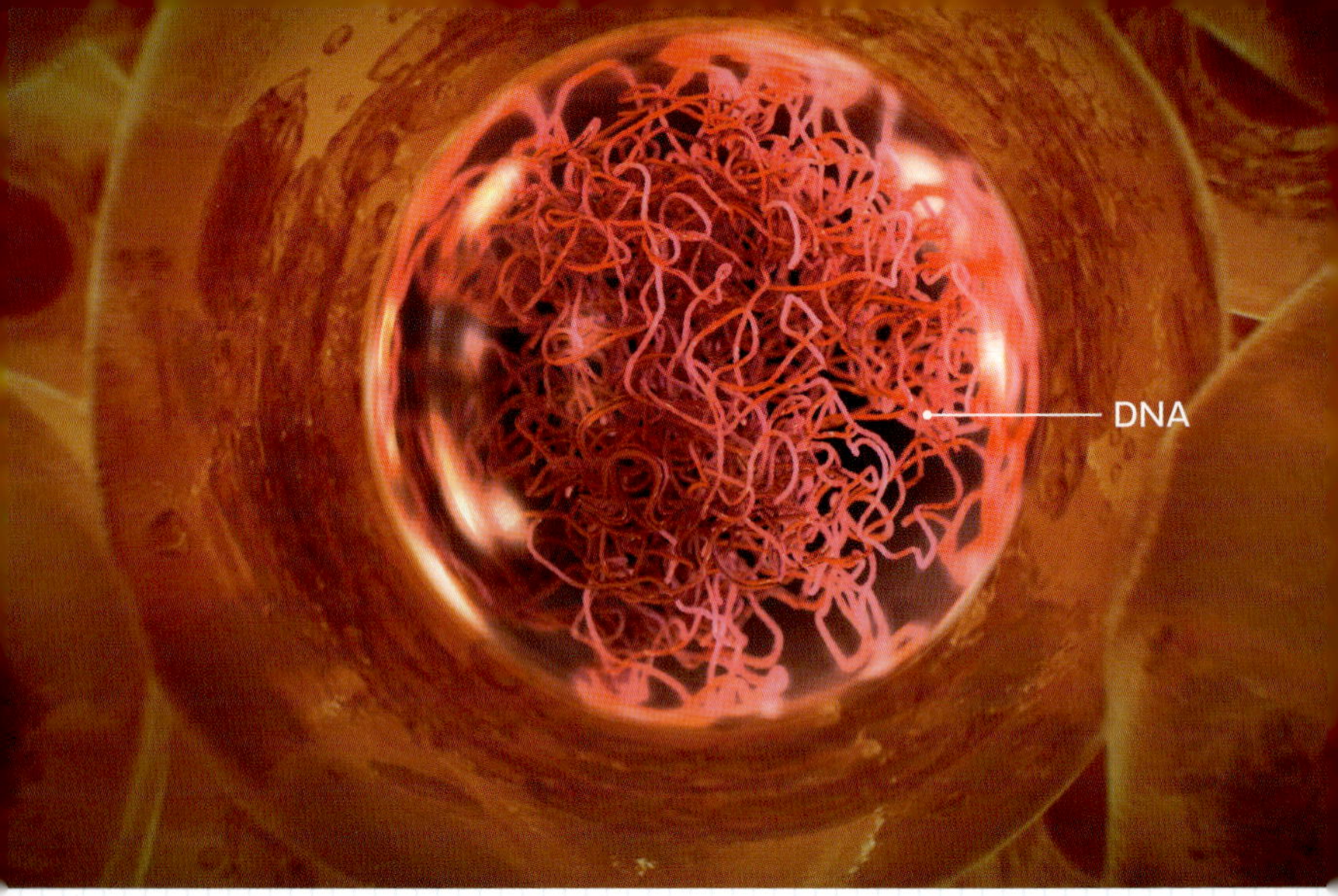

細胞の核の中にあるのがDNA。1本につないで伸ばすと約2mにもなる。

中を覗くと

DNAを拡大すると2重らせん構造になっている。本物に限りなく近い姿をCGで再現したのがこの画像。

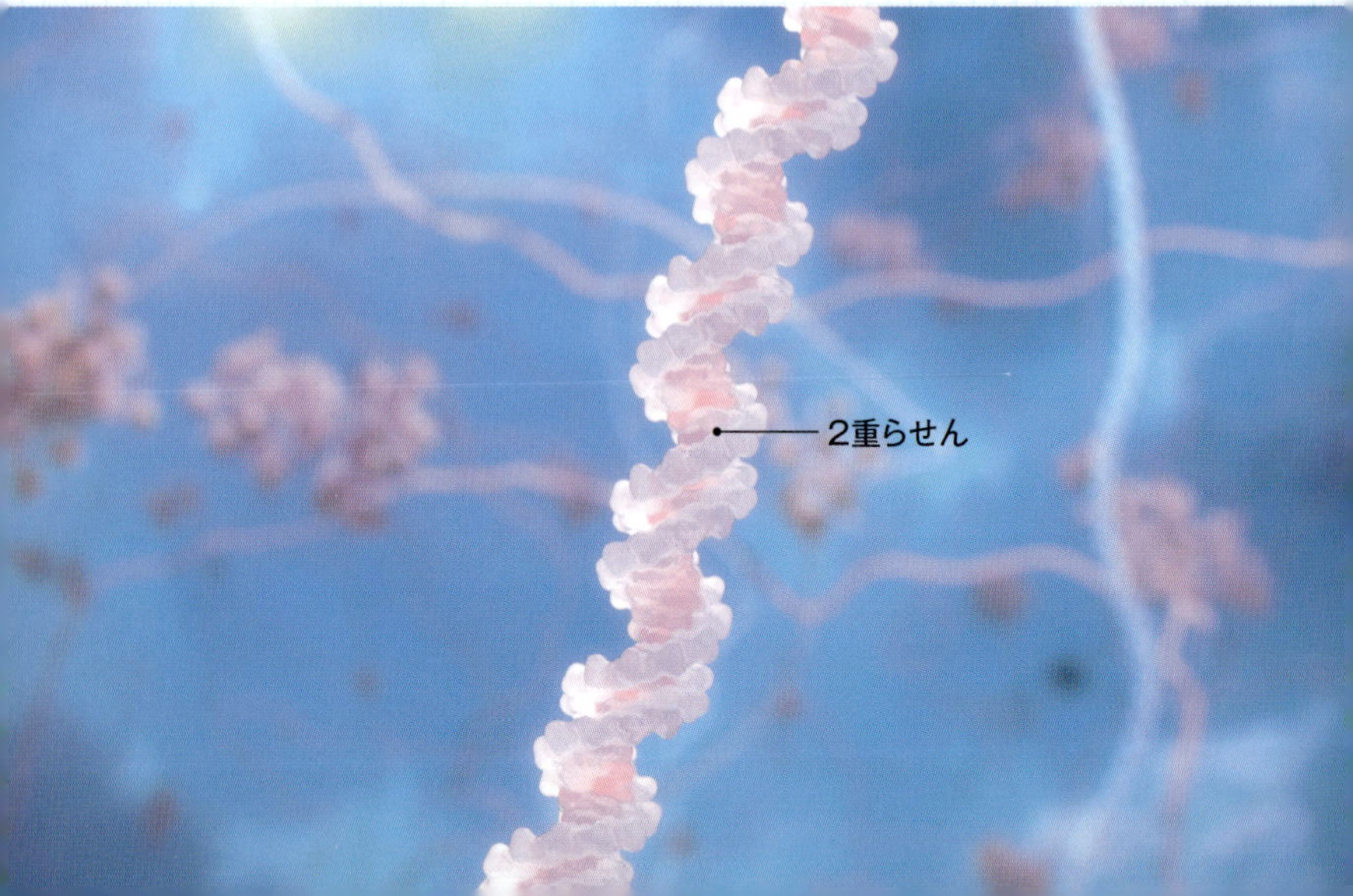

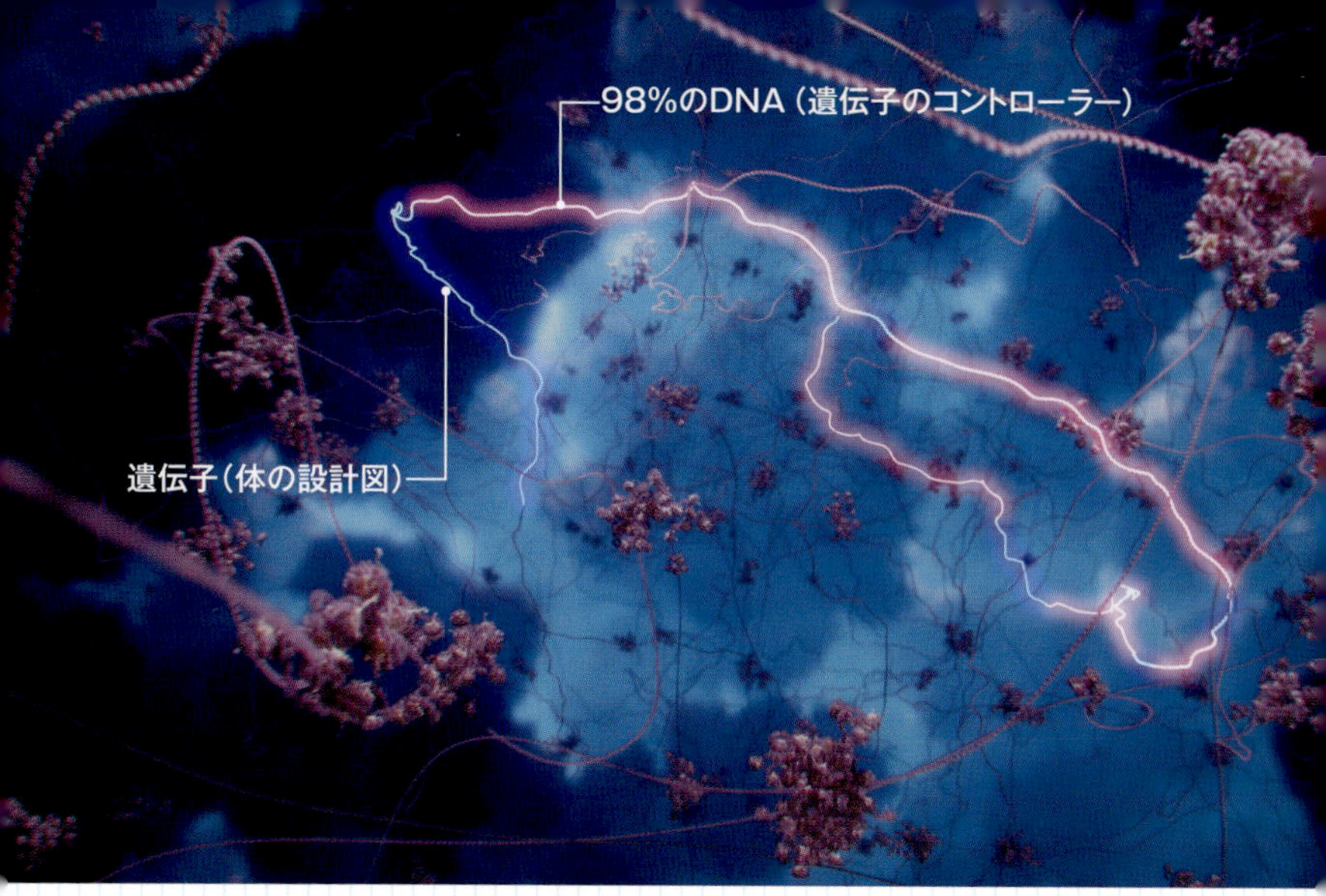

DNAの2%が遺伝子、それ以外の98%の中に宝石のような“トレジャーDNA”が見つかっている。

III

詳しくは28ページ~

細胞の核の

「目を作る」「耳を作る」「心臓を作る」など遺伝子は体の設計図。

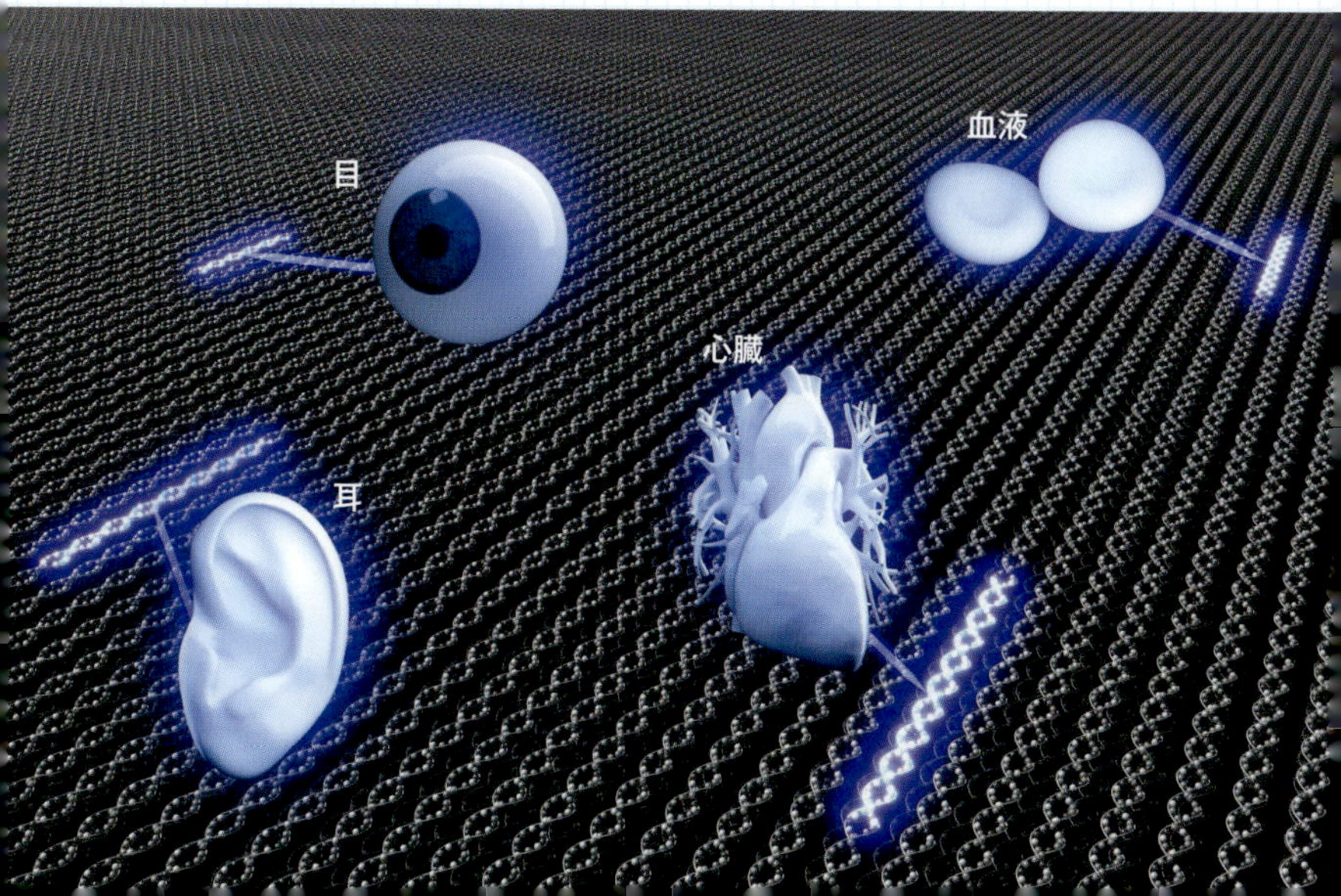

骨を作る物質。

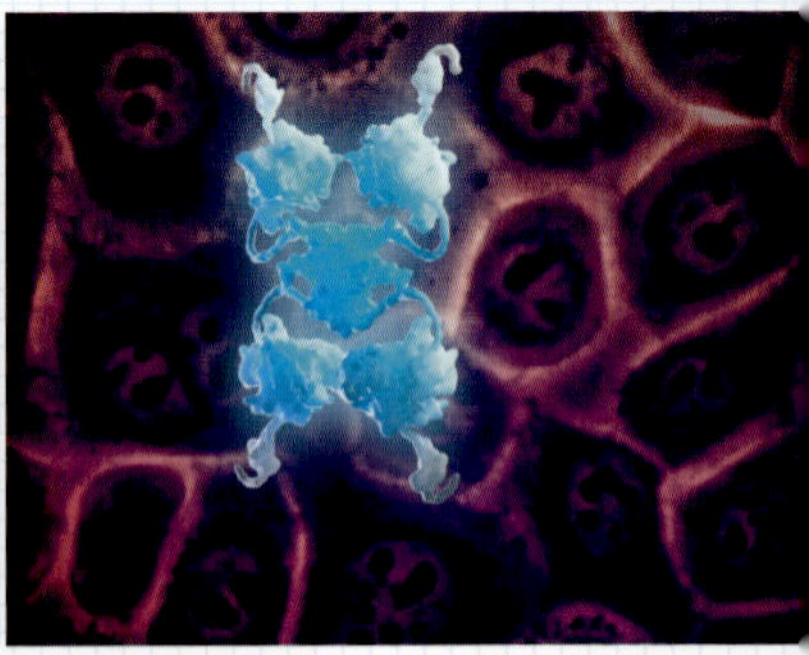

がんを抑制する物質。

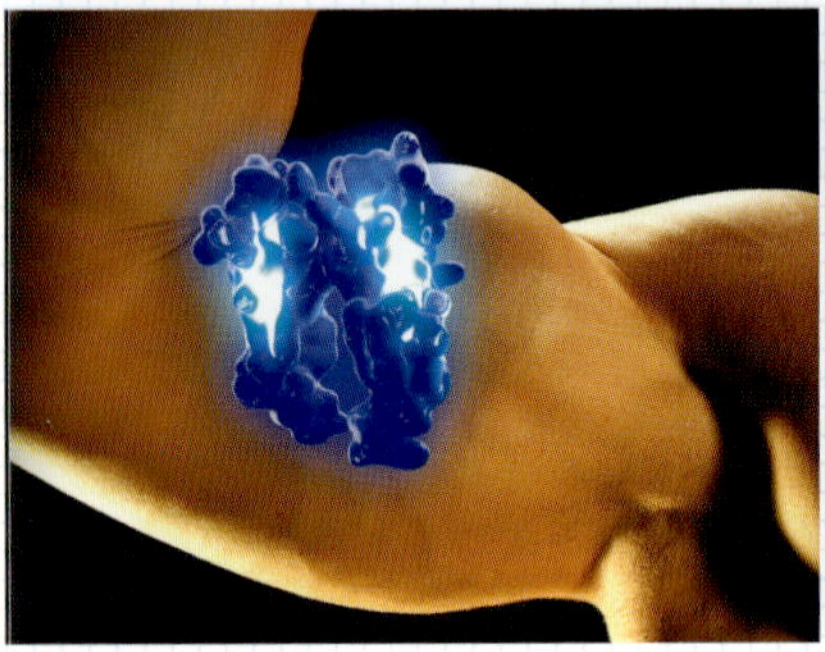

筋肉を作る物質。

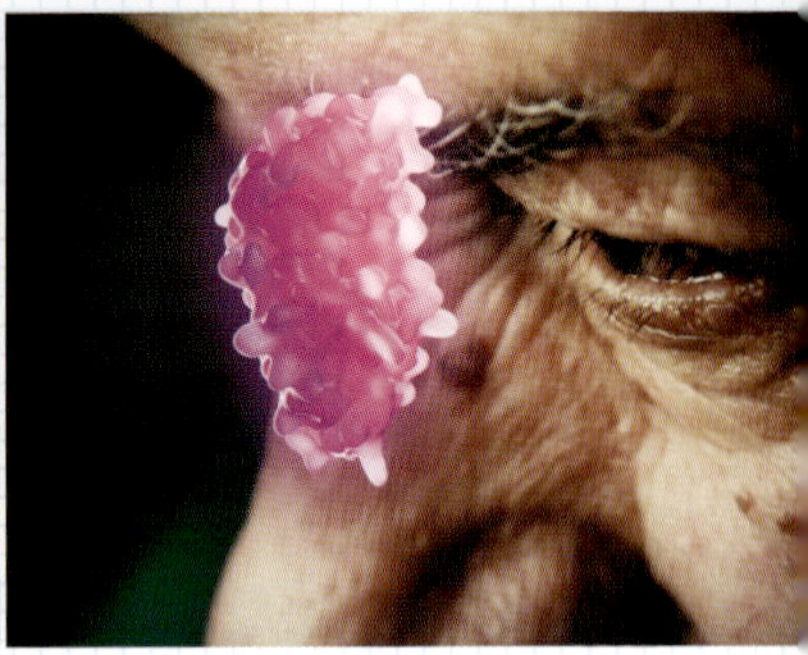

アルツハイマー病を防ぐ物質。

98%の領域のDNAが物質を作る量や時をコントロール

詳しくは62ページ～

Ⅳページ写真全点／データ提供 日本蛋白質構造データバンク

アルコールを分解する物質。

アレルギー反応を抑える物質。

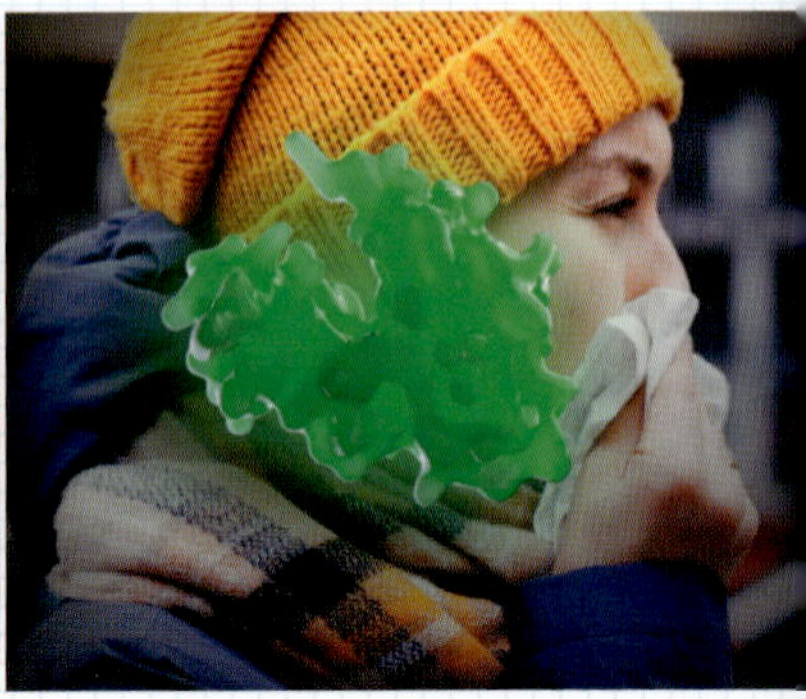

インドネシア、スラウェシ島近くの珊瑚礁の美しい海。
陸から隔絶された海の上に竹を組んで作られた家が建ち並んでいる。

V

DNAの変異で驚異の潜水能力を持つ人々

詳しくは77ページ〜

バジャウの人たちは驚異の潜水能力の持ち主。
10分以上素潜りで漁をし、水深70mまで潜れるという。

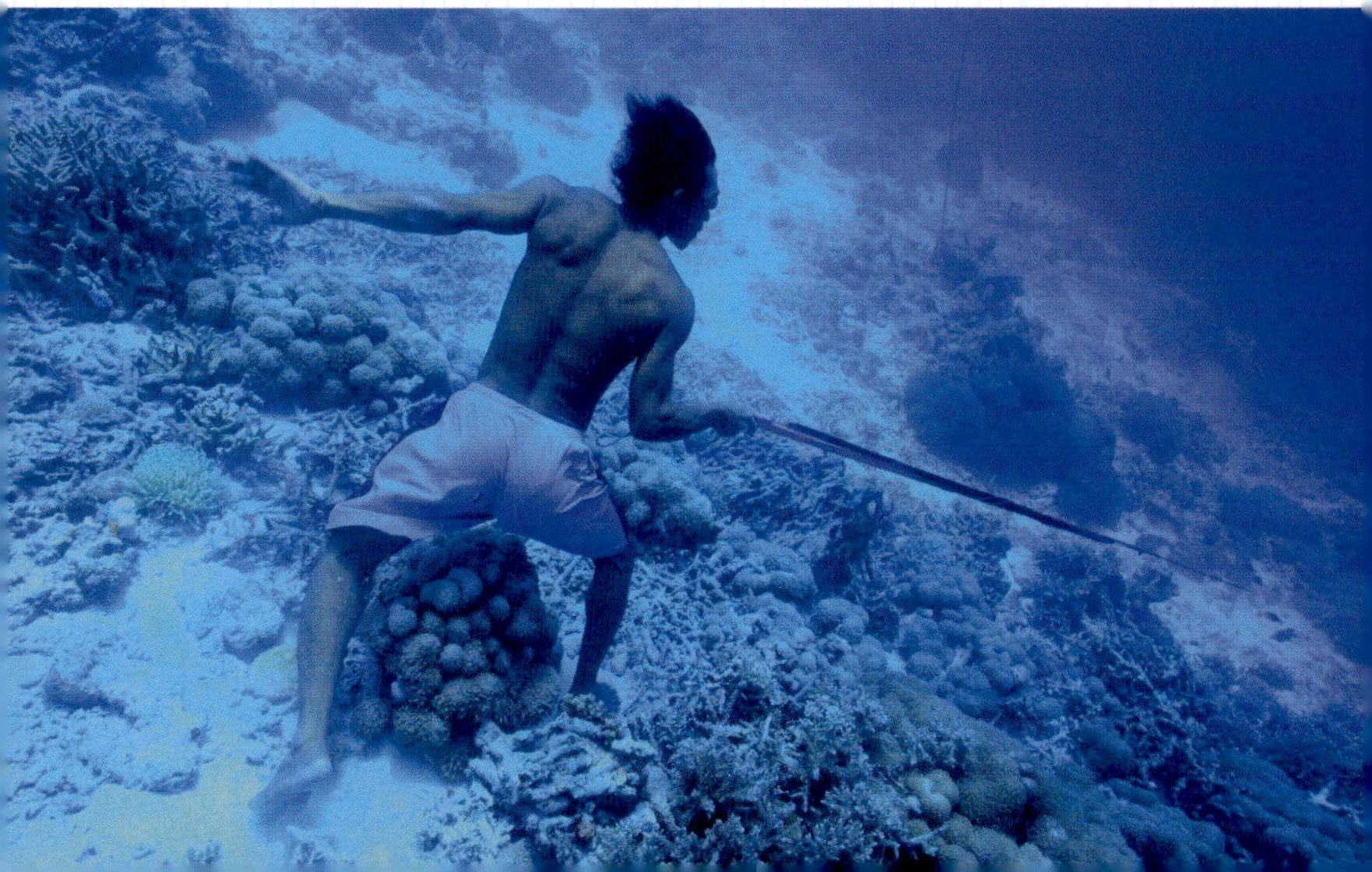

「がんを抑える遺伝子」の上を、「読み取り機」のようなものが走ることによって
設計図が読み取られ、「がんを抑える物質」が作り出される。

がんを抑えるDNAスイッチの仕組み

詳しくは141ページ~

VIページ写真上／データ提供 日本蛋白質構造データバンク

「がんを抑える遺伝子」が折りたたまれているため、設計図の「読み取り機」が
走ることができなくなり、「がんを抑える物質」が作り出せなくなっている。

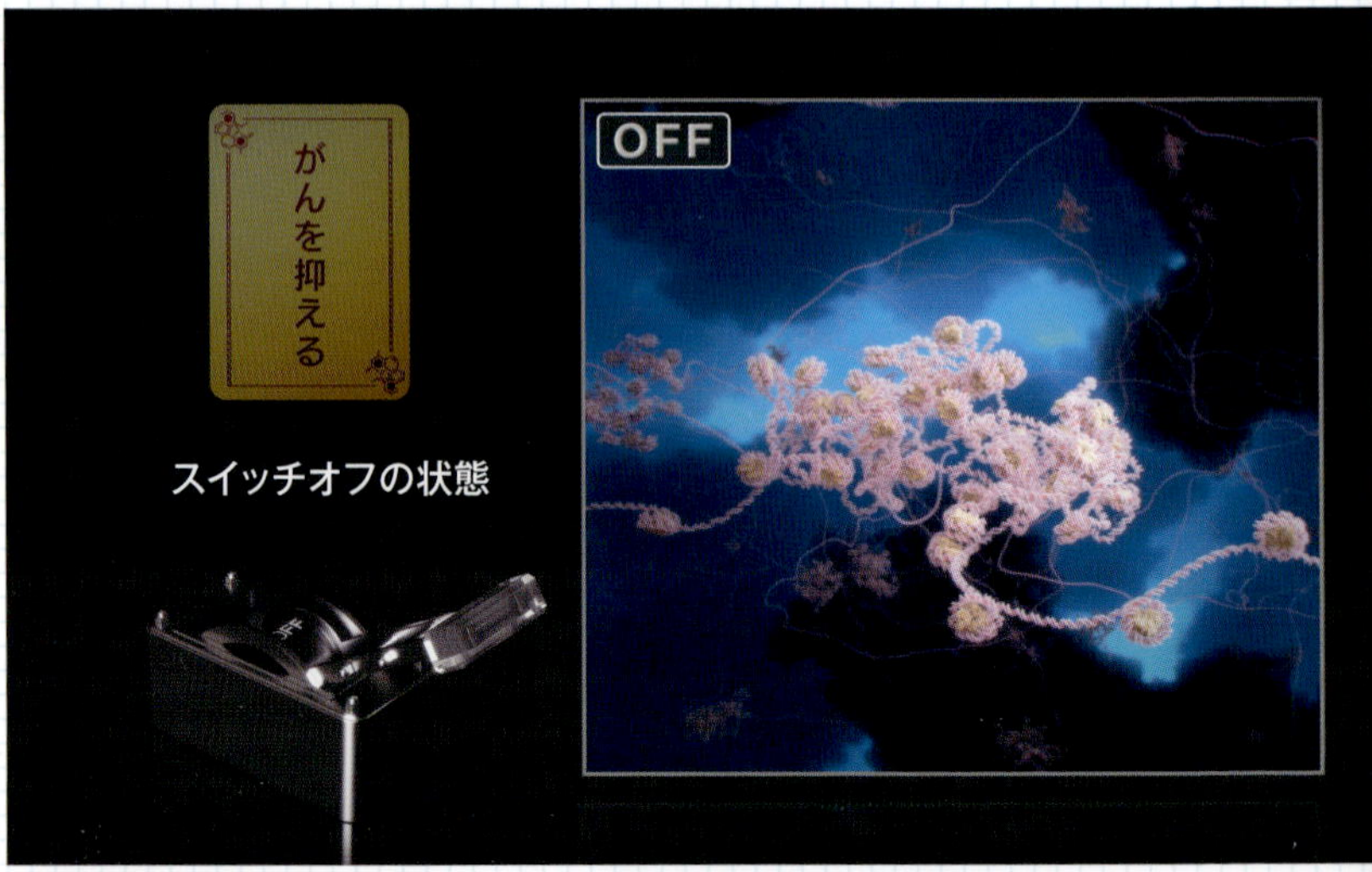

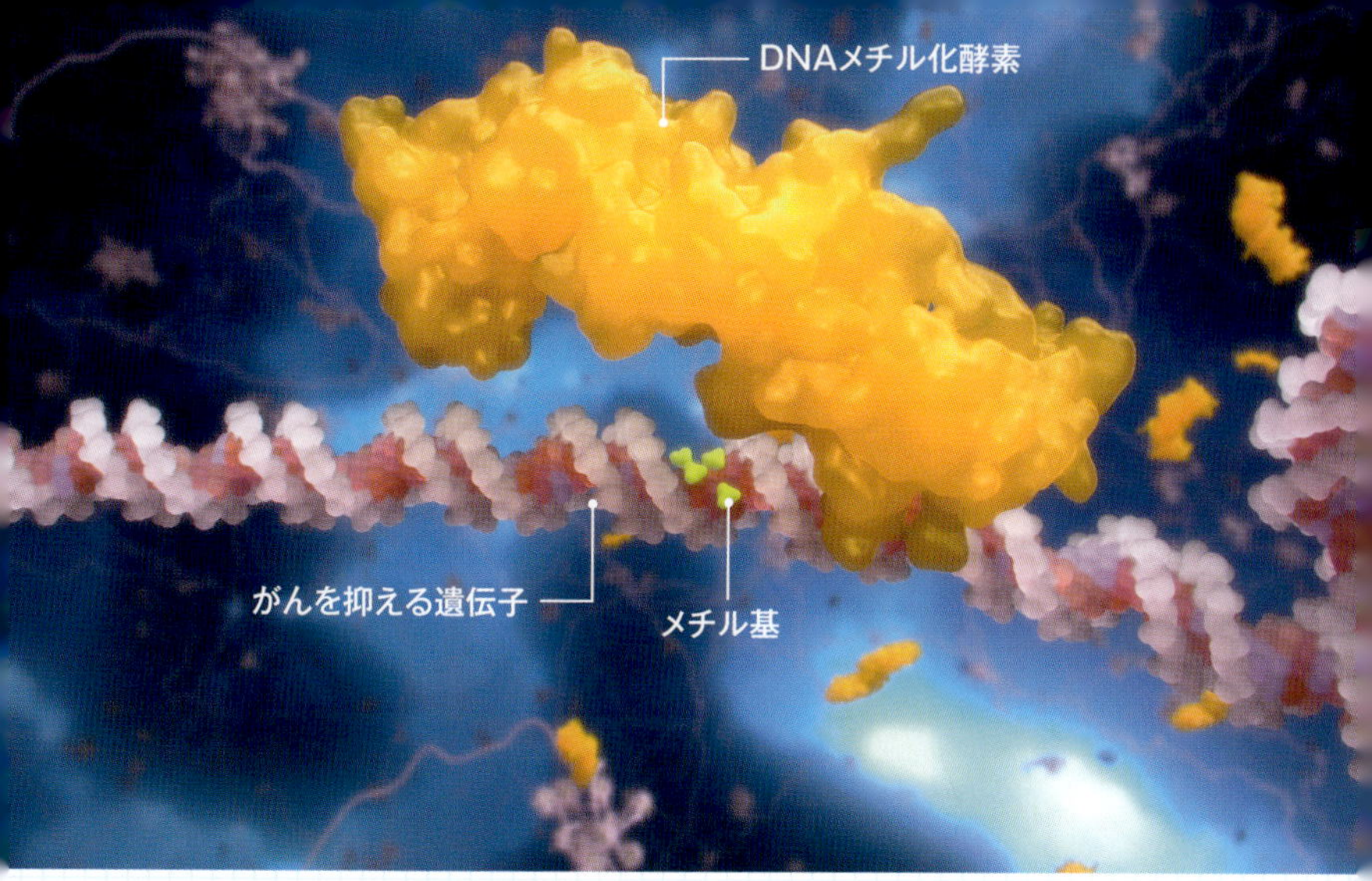

「がんを抑える遺伝子」の表面に、DNAのスイッチをオフにする張本人「DNAメチル化酵素」が取りつき小さな粒々（メチル基）をくっつけている。

VII

DNAスイッチをオフにする物質

詳しくは 141 ページ〜

VIIページ写真上下／データ提供 日本蛋白質構造データバンク

小さな粒々は磁石のように周りの物質を引き寄せくっつけるため、
「がんを抑える遺伝子」が折りたたまれて右ページ下の写真のようになる。

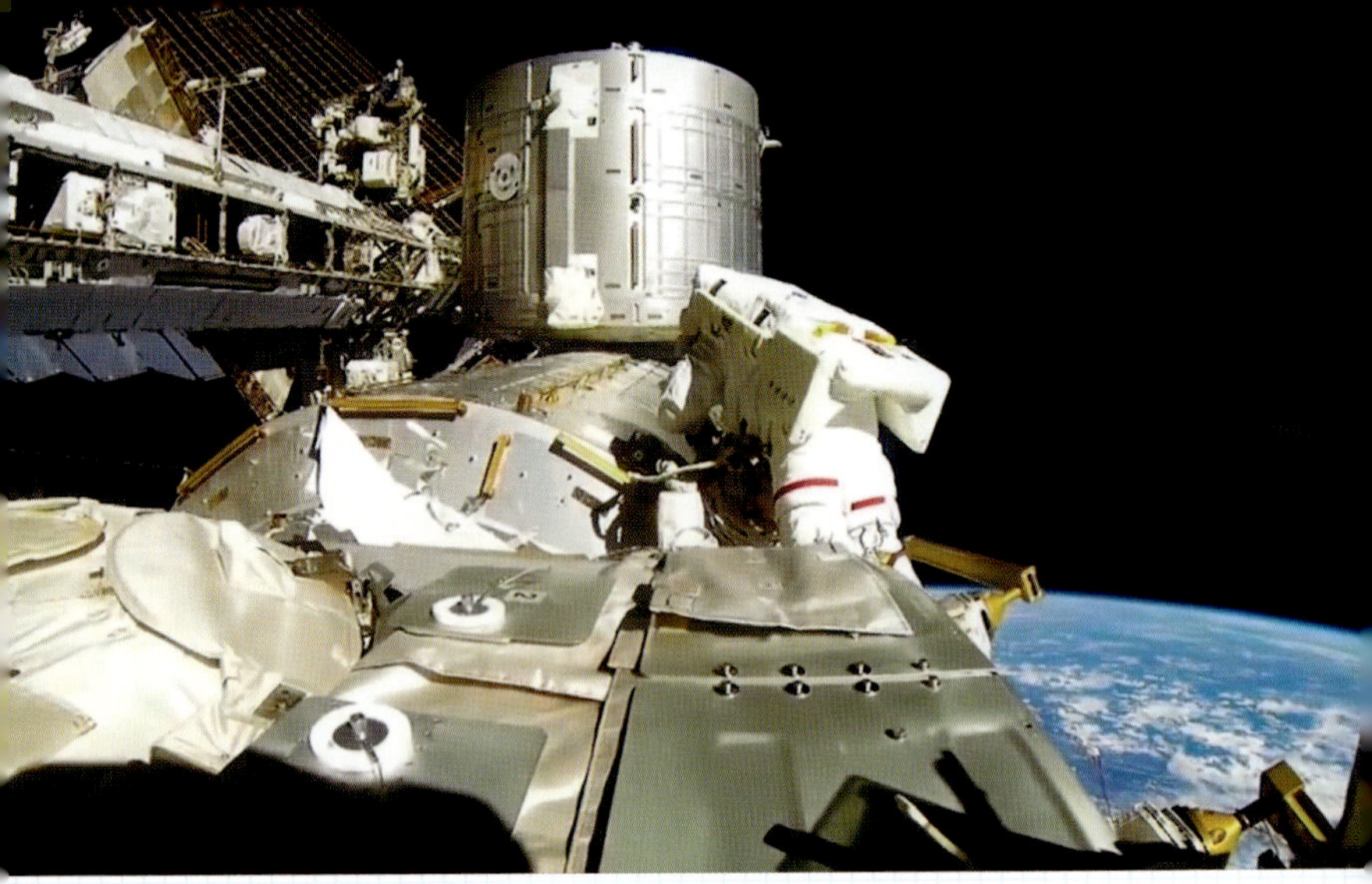

国際宇宙ステーションに340日間滞在したNASAの宇宙飛行士、スコット・ケリーさんには一卵性双生児の兄がいる。帰還後ふたりのDNAスイッチに数多くの違いが発見された。

NASAの「宇宙兄弟」によるDNAスイッチ比較

詳しくは**194**ページ～

Ⅷページ写真上下／© NASA

宇宙での強力な放射線や無重力に対抗し、スコットさんの体では「DNAの損傷を修復する」スイッチや「骨を作る物質を増やす」スイッチがオンになっていたことがわかった。

はじめに

NHKスペシャル「シリーズ人体」制作統括　浅井健博

遺伝子は、人間の可能性を制約する仕組みではなく、
むしろ、未来への可能性を最大限に広げるための仕組みである……。

NHKスペシャル「シリーズ人体Ⅱ遺伝子」が掲げたこのテーマは、番組制作も終盤に確信を得た、シリーズとしての大切なテーマでした。研究者の方々にとって、そんなことは、〝当たり前〟の話なのかもしれません。しかし、素人からしてみれば、そのことが腑に落ちるまでには、いくつかの高いハードルがあります。

まず、多くの人は「この姿形は誰のせい？」「計算が苦手なのは誰のせい？」などと、幾度となく親の顔を思い浮かべてみたり、わが子のできの悪さに嘆いてみたり……。なにしろ、その元凶はすべて代々受け継ぐ「遺伝子」だと思い込んでいるものですから、「未来への可能性だ」なんて言われても、疑い深くなるのは当たり前です。

さらに加えて、遺伝子の世界は超ムズカシイ。「2重らせん」「AGCT」あたりまでは誰もが学びます。しかし、素人が本当にその世界を知ろうとすれば途方もない胆力が必要です。ましてや、今回の番組で扱うのは最先端の科学。編集室で試写をしていても、次から次に疑問が湧き、理解が進まないこともたびたび。咀嚼《そしゃく》してわかりやすく伝えるのには大変な苦労が伴いました。遺伝子のロマンを感じられるような境地に達するためには、そうした高いハードルを越えていかなければならないのです。

そんなとき懇切丁寧に説明をくり返し、その魅力を語り続けたのが、番組の取材責任者であり、本書の著者でもあるふたりのディレクターです。彼らとて、もとは素人。今回の番組制作でイチから遺伝子学を学び、世界の最前線を走る研究者の方々の取材を続けてきました。

ディレクターの話を聞きながら、その仕組みの精巧さをひとつひとつ理解するたびに、研究者のみな様の志に触れるたびに、自分自身の体の中に備わった奇跡のような仕組みのすさまじさが少しずつわかり始めます。そうして2回にわたる番組の全体像が見えるころになってようやく、「遺伝子は未来への可能性を広げる仕組みなのだ」と、私自身納得できるようになったのです。同時に、これまでとは別次元の感覚で親へ感謝し、子どもたちにエールを送りたくなるような気持ちが芽生えました。

本書は、そんな番組制作の思考の過程をたどる内容になっています。ディレクターたちが、どんな人たちと出会って、どんなことを学んでいったのか。最先端の現場でどこまで明らかになり、何が議論されているのか。番組ではご紹介しきれなかった内容も交えながら、神秘的とも言える遺伝子の世界を、わかりやすくお伝えすることを心がけています。

ですからムズカシイことすべてはわかりませんが、大切なポイントが、専門家ではない方にも伝わる内容になっています。「遺伝子治療に興味がある」「遺伝子検査をしてみたい」「最先端医療の情報を得たい」などなど、昨今、私たちにも身近な話題となっている遺伝子について、「知りたい！」と思う方がいらっしゃれば、ぜひ本書を手に取っていただければと思います。

思い返せば、タモリさん、山中伸弥さんを司会にお迎えして、ＮＨＫスペシャル「シリーズ人体」を開始したのは、２０１７年9月のことでした。ファーストシリーズのテーマは「神秘の巨大ネットワーク」。これまで、人体のイメージと言えば、「脳が司令塔となり、他の臓器はそれに従う」というものでした。ところが最新の科学は、その常識を覆して「体中の臓器がおたがいに情報をやりとりすることで私たちの体は成り立っている」ということを明らかにし続けています。このいわば「臓器同士の会話」が、医療の世界に革命を起こそうとしていることを全8回でお伝えしました。シリーズは、視聴者のみな様から大変な好評をいただき、今回の第2弾のシリーズが実現しました。では、なぜテーマは「遺伝子」になったのか？

最先端の科学、具体的に言えば遺伝子の解析手法やAIの急速な進化によって、ここ数年で遺伝子学のフェーズが大きく切り替わり始めたことがまず挙げられます。そのおかげで、新しい映像表現も可能になり、これまでとはまったく次元の違う遺伝子の世界が描けるようになりました。

そして、「遺伝子検査」しかり、「遺伝子治療」しかり、研究室の中だけにとどまらず、遺伝子は、私たちひとりひとりにも関係する可能性が急速に高まっています。今、最も社会的な関心を集めているテーマのひとつ、と言ってもよいでしょう。

さらに私自身はもうひとつ、遺伝子に興味を持つ理由がありました。ファーストシリーズで描いた「臓器同士の会話」は、細胞同士の会話とも言えます。そのメッセージを伝える物質を作り出す大もとにあるのが細胞の中にある遺伝子です。メッセージ物質をどうやって作っているのか、その量や出すタイミングをどうやって計っているのかを知れば、最初のシリーズの理解もより深まるのではないかと考えたのです。

かくして、2019年5月、令和に入って最初の大型シリーズとして放送した「シリーズ人体Ⅱ遺伝子」第1集が総合視聴率で12・7%を記録するなど大きな反響を得ることができました。番組をご覧いただいた方にも、そうでない方にも、本書を通してワクワクするような研究の最前線を改めて楽しんでいただければと思っています。

そして、番組ではあまり詳しくご紹介できませんでしたが、ぜひとも触れておきたかったのが「生命倫理」についてです。

番組を放送する数ヵ月前、司会のおふたりに加え、石原さとみさん、鈴木亮平さん、阿部サダヲさんという豪華なゲストを迎え、スタジオで収録を行いました。実際に番組で紹介するスタジオパートは各回20分程度ですが、セットの転換なども含めて収録には2~3時間がかかります。放送とは違って、十分に時間はありますので、さまざまな話に花が咲きます。

生命倫理について話を向けたのはタモリさんでした。「これからどんどんいろいろなことがわかってきて、利用されるようになると、ちょっと怖いよね」と。それに対して山中さんは真剣な眼差しで、「研究者としてどこまでやってしまうのだろうという怖さがある。一歩使い方を間違えると、とんでもないことになる。この番組で改めて感じました」とおっしゃいました。
生命科学のトップランナーである山中さん自身が語るこの言葉には、強烈なインパクトがありました。「怖さって何?」「とんでもないことってどんなこと?」。機会があれば、その真意についてしっかりとうかがってみたいと思っていました。講談社のみな様にご尽力いただき、山中さんの快諾を得て、本書でその機会を得ることができました。他では語られたことのない、山中さんの生命科学への思いをお伝えできるのではないかと思います。

さあ、私たちの命の根幹をなす遺伝子の世界を旅する大冒険の始まりです。今日よりも明日、明日よりも明後日と、新しいものを生み出していく私たちの体、その超ミクロの世界を目撃しに行きましょう。

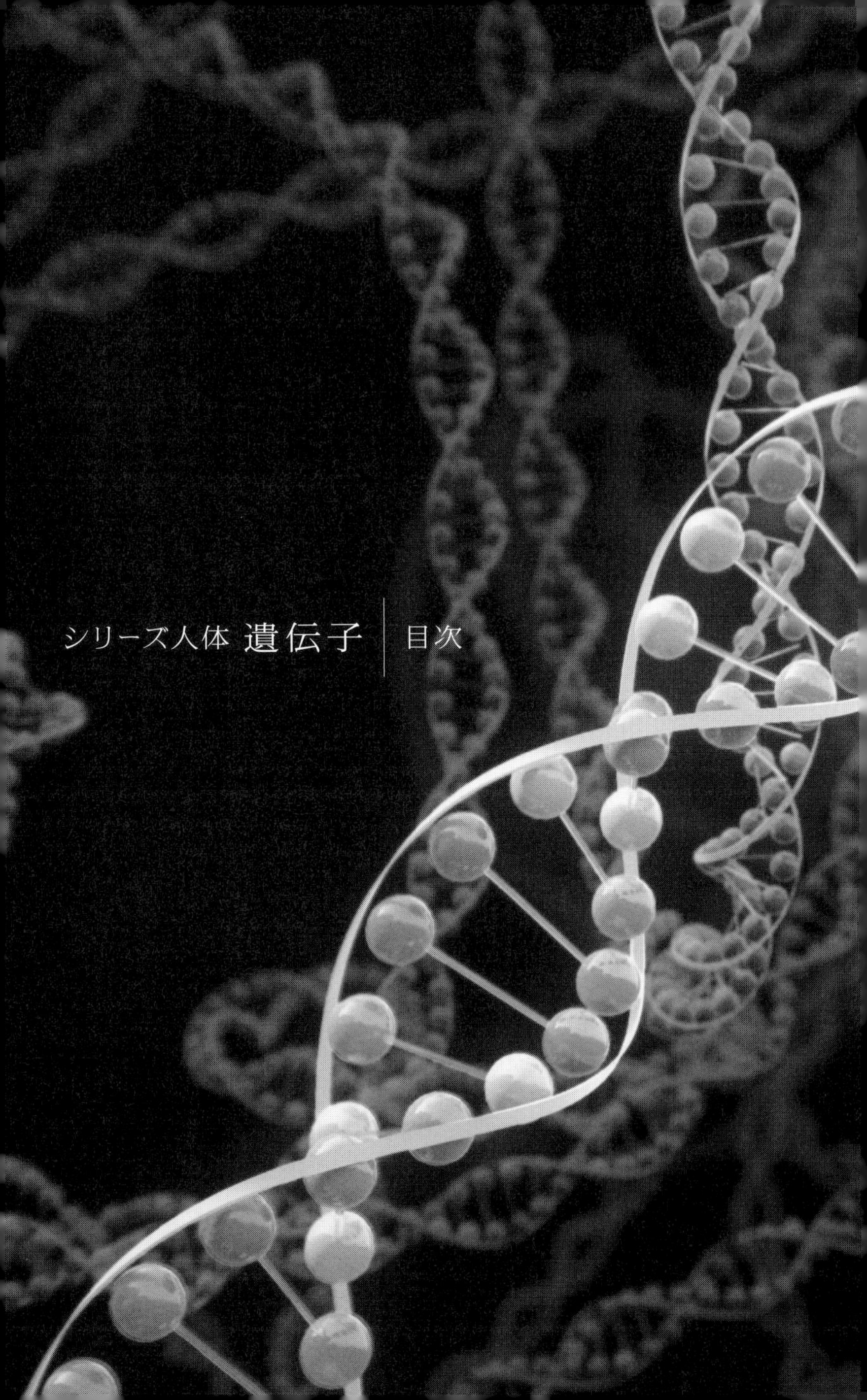

シリーズ人体 遺伝子 | 目次

第1部 あなたの中の宝物 “トレジャーDNA”

第2部
“DNAスイッチ”があなたの運命を変える

第3部
山中さん、生命科学の危険性とは何ですか？

＊本書に登場する人物の年齢・肩書などは取材当時のものです。

＊本書はNHKスペシャル「シリーズ人体II遺伝子」第1集、第2集を書籍化したものです。
　そこへ新たに特別対談を収録いたしました。

シリーズ人体 遺伝子

健康長寿、容姿、才能まで秘密を解明！

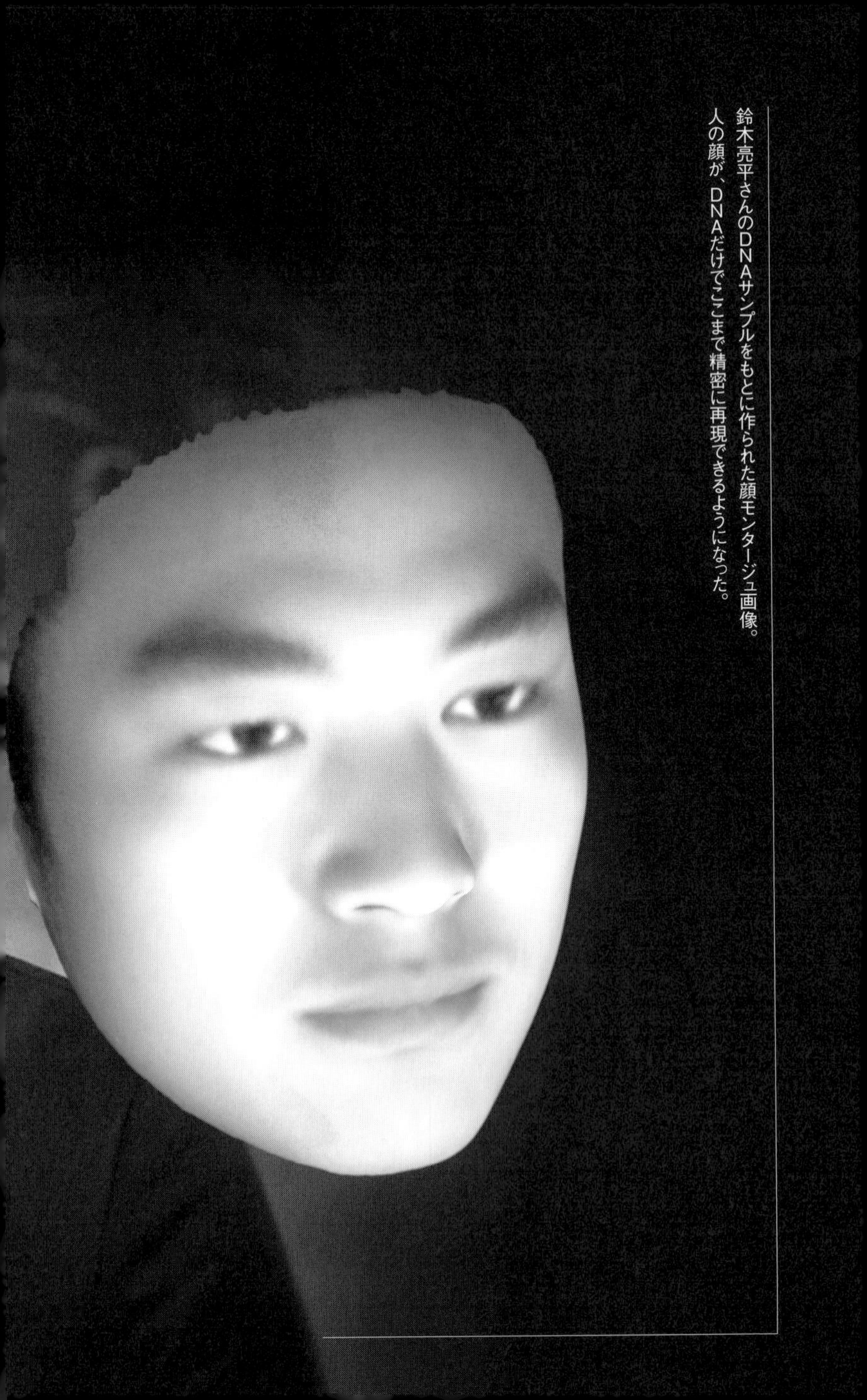

鈴木亮平さんのDNAサンプルをもとに作られた顔モンタージュ画像。
人の顔が、DNAだけでここまで精密に再現できるようになった。

第1部

あなたの中の宝物"トレジャーDNA"

白川裕之　ディレクター

あなたの中にある「宝」を探しに！

あなたの「命の設計図」、DNA。

すべての人は例外なく、父親と母親のDNAが混じり合うことによって、誕生します。その両親から受け継ぐDNAの驚異の仕組みが、今、世界中で猛烈な勢いで解明されようとしています。DNAとは、間違いなく、人類にとって地球上で最も重要な情報であり、そしてそれは最も複雑で神秘的な仕組みを持っていると言えるでしょう。私たちが両親から譲り受けたのは、DNAに備わった、そのとてつもなく神秘的な仕組みです。

「遺伝子」とか「DNA」という言葉を聞くと、「○○な性格が母親そっくりだ」「父親も△△だから、仕方がない」など、生まれつきという〝あきらめ〟や、自分を縛りつける〝しがらみ〟のように捉えられることが多いようです。「自分の性格や能力、運命は、遺伝子やDNAで決まっている」という遺伝子決定論に、私たちはどこか抵抗を感じるものです。

しかし、本書でご紹介するDNAの驚異的な仕組みを知れば、DNAが私たちにもたらしてくれているものは、そうした決定論的なものでは決してないことを感じていただけると思います。私たちはDNAの仕組みによって、自分でも気づいていない、とてつもない宝物を授かっているのだということを。

「遺伝子」「DNA」「ゲノム」。これらは間違いなく、これからの時代に欠かせないキーワードです。実は「遺伝子」という言葉が示すものは、専門的には全DNAのほんの一部、2%程度にしかすぎません。研究者たちは最近まで、主にわずか2%の「遺伝子」を相手に研究を行ってきました。一方、最近よく聞く「ゲノム」とは、人が持つ全DNA情報のことです。「ゲノム」という言葉を頻繁に聞くようになったのは、人類がついに全DNA情報を、網羅的に解析するという新たな時代に突入していることを示していると言えます。

ゲノム科学は、確実に世界を変えていきます。グーグルもアマゾンも参入を始めたゲノム産業は、21世紀最大のビジネスになるとも言われています。ゲノム医療は、医学界で最もホットなトピックです。しかし、すでにがんゲノム医療が公的医療保険の適用となっている一方で、ゲノムでなぜ医療が変わるのか、世界が変わるのか、詳しく理解している人は少ないのではないでしょうか。

あなたのゲノムには、「あなたがどんな人間として生まれてきたか」そのすべての情報が詰まっています。いわば究極の個人情報です。とはいえ、実は今までは、ゲノム解析からわかることはそれほど多くありませんでした。しかし解析技術が爆発的に進歩したこれからは、比較にならないほど膨大な情報がわかるようになります。私たちが、ゲノムの持つ重要な意味を知らないうちに、いつのまにか遺伝子解析サービスや遺伝情報の商業利用ばかりが進んでしまうと、大切なゲノム情報が、当事者の意にそぐわない形で、あるいは社会全体にとっても不幸な形で、活用されてしまう恐れもあります。

そこで、来るべきゲノムの時代を迎えるにあたり、私たち自身の遺伝子やDNAが持つ、驚くべき仕組みを探求する大冒険にお連れするのが、本書の狙いです。

それは、「宝探し」の大冒険です。私たちは誰もが、ゲノムの中に〝トレジャー（宝物）DNA〟とも言うべきものを持って生まれてきている。そう言えるような科学的事実が、今明らかになってきたのです。

さあ、ゲノムの中に眠る宝探しの大冒険に出かけましょう。

あなたの〝トレジャーDNA〟は何ですか？

第1章 あなたの中に眠る宝物〝トレジャーDNA〟とは何か

驚異の「DNA顔モンタージュ」技術

「DNAから、人の顔を浮かび上がらせる研究が進んでいる」

NHKスペシャルの編集室で、大型シリーズ「人体　神秘の巨大ネットワーク」に続く次なる企画として、ゲノム研究の最前線を取材し始めていたある日。私は、このまるでSFのような研究が、世界の複数の研究機関で進行しているという情報をつかみました。

ついに、ここまで来たか。唾液や髪の毛などに含まれるわずかなDNAからその持ち主の顔が浮かび上がる、という小説や映画で描かれた世界が現実のものになろうとしている――。

取材を進めるうち、「DNA顔モンタージュ」とでも言うべきこの技術は、近年のゲノム研究の驚異的な進化を象徴する技術であることがわかってきました。それは、DNAの中から膨大な宝のような情報を見つけ出したことで実現した技術だったのです。

今、ゲノム研究は、DNAの中に眠る宝探し、〝トレジャーDNA〟の発掘ラッシュに沸いている。ここから、今回の企画の核となる重要なストーリーが浮かび上がってきました。

〝トレジャーDNA〟という言葉は、みなさん初めて聞くのではないでしょうか。それもそのはず。実際に、そんな専門用語があるわけではありません。

私たちのDNAには、人類がまだ知らない宝物（トレジャー）のような情報、大切な働きをするDNAがたくさん眠っていることが、最近のDNA研究から急速に明らかになってきています。そして、その飛躍的な解明は、「遺伝子」以外の領域、これまで「ゴミ」とさえ思われてきたDNAの「未知の領域」の解析が進んだことで実現しました。取材を進める中で、研究者たちが口をそろえて、「ゴミなんてとんでもない。宝がたくさん眠っている」と語っていたことから、私たちが研究者と話し合って考えたのが〝トレジャーDNA〟という新たなネーミングです。

この章では、第2章以降に登場するトピックの触りを簡単に紹介しながら、世界を変え

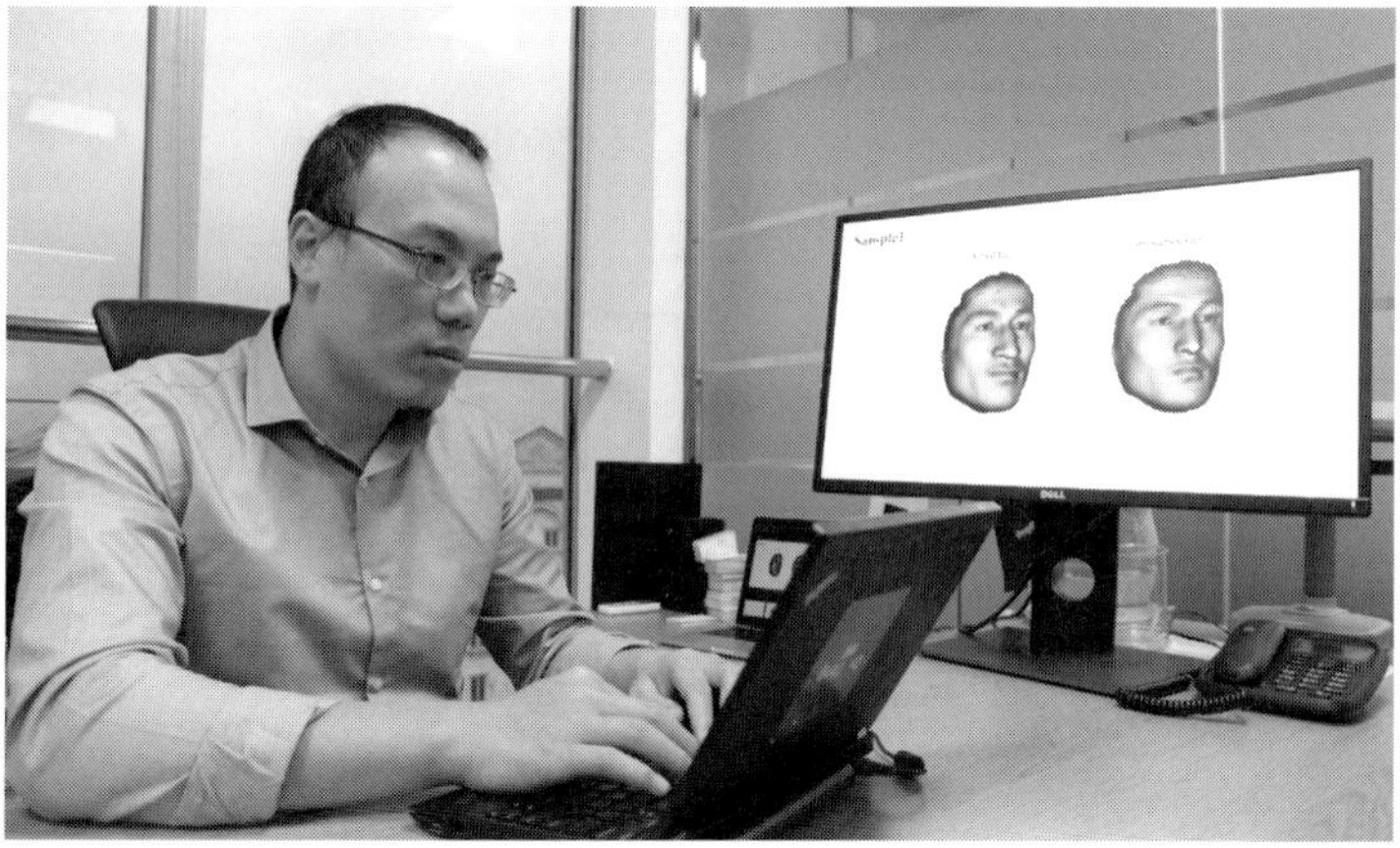

自分たちのDNA顔モンタージュ技術を「本人とひと目でわかるレベルまで高まってきた」と語る中国科学院のタン・クン教授。

る〝トレジャーDNA〟とはどんなものかお伝えしたいと思います。

まずは、薄気味悪さを感じるほどの近未来的な技術「DNA顔モンタージュ」です。

世界最先端のDNA顔モンタージュ研究を行っている、中国科学院のタン・クン教授（上の写真）は、自信ありげにこう話しました。

「唾液一滴のDNAがあれば、人の顔を再現できます。たとえば、タバコの吸い殻やグラスに残った唇の跡、蚊のお腹の中にある人の血液などからでも再現できます」

私たちは今回、タン教授らの協力で、実際のDNAサンプルをもとに、顔を再現してもらいました。DNAの提供者は、NHKスペシャル「シリーズ人体Ⅱ遺伝子」へのゲスト出演が決まっていた、俳優の鈴木亮平さんです。おそらく日本人で初めてとなるDNA顔モンタージュ解析に、鈴木さんは快く協力してくれました。

もちろんタン教授には、そのサンプルの持ち主に関する情報は、一切伝えていません。タン教授から解析結果が送られてくるまでの2週間あまり、私たちは、期待に胸をふくらませながらも、まだ半信半疑でした。そして、いよいよ送られてきたDNA顔モンタージュ画像（16ページ第1部扉の写真）を見て、その精度に、スタッフ一同、大変衝撃を受けたことを覚えています。

研究で発表されている他のモンタージュ画像は見ていたのですが、鈴木さんというよく知っている人のものとなると、衝撃はここまで高まるものかと、そこにも驚きを感じました。

鈴木さんご本人には、番組の収録中、初めてその画像を披露しました。思わずこぼれた第一声は、「こわい！」。自身の再現画像を目の当たりにして、目を丸くしていた鈴木さんの驚きは、本人にしかわからない特殊な感情であっただろうと想像します。

一体なぜ、こんなSFのような技術が可能となったのか？　それは、DNAの中に眠る「個性」の謎が急速に解明されつつあるからです。人の「顔」は、究極の個性です。一卵性双生児の顔がそっくりなように、人の顔はかなりの部分、DNAで決まっています（鈴木さんも番組の中で「僕ら俳優って、昔から生き様が顔に出るから一生懸命生きなさいと言われてきたんですけど……」と話していましたが、その人の生き方や生活習慣も、もちろん顔立ちに影響します）。今、DNAの中に隠された「個性」の秘密が、従来の遺伝子研究とは別次元のレベルで明らかになってきているのです。

では、DNAの「個性」の解明によって、他には、どんなことがわかってきているのでしょうか。

「○○が健康によい」は本当か?

世界で最も愛飲されている飲み物のひとつ、コーヒー。コーヒーの健康への影響については、これまで多くの研究が行われてきましたが、その結果は必ずしも一貫したものではありませんでした。たとえば、心臓病への影響ひとつとっても、「コーヒーは心臓によい効果がある」という研究もあれば、中には、逆に「悪い影響がある」という研究もあったのです。

この矛盾の解明に挑んだ研究者が、カナダにあるトロント大学のアーメド・エルソヘミー教授です。コーヒーを飲むことが、人によって、体によい場合と悪い場合がある。その理由は、その人が持つＤＮＡにあることを明らかにしました。ＤＮＡの「個性」によって、コーヒーの体への影響は、まったく異なる可能性があるというのです。

世の中には、「〇〇が健康によい」という情報があふれています。チョコレートや緑茶、ヨーグルト、納豆……枚挙にいとまがありません。ところが、今、「人によって最適な栄養は異なる」ことが、科学的に明らかにされようとしているのです。この新しい研究分野は、「ニュートリゲノミクス」と呼ばれ、大変注目されています。

テレビや雑誌で見聞きした「〇〇が健康によい」という情報をそのまま鵜呑《うの》みにして、一生懸命その食品をたくさん食べても、もしかすると、あなた自身にとっては、逆効果になるかもしれない。俳優の石原さとみさんも番組の収録の際、「自分がビタミンとか、オレンジやレモンを食べると、体にどんな効果があるかぜひ知りたい」と期待していましたが、まさにＤＮＡの個性に合わせた健康情報こそが重要視されつつあるのです。

こんなダイエットがいい、こんな運動がいい、こんな生活習慣が理想的だ、とはよく言われます。今では、科学的に確かなエビデンスのあるよい方法もたくさん見いだされてきています。しかし、それが「あなたにとってよいか」というと、必ずしもそうではない。「健康を手に入れるためのレシピ」は人それぞれで、万人向けの健康レシピはない、ということが、ＤＮＡの「個性」の解明から確かめられつつあるのです。

さらに、栄養や生活習慣に先駆けて研究が進んでいるのは、「薬」の分野です。薬に含まれる成分を体内で分解する能力は、その人のＤＮＡの個性によって、大きく異なることがわかっています。同じ日本人でも、薬によっては、必要な量に20倍以上もの個人差があるものもあります。ある薬が、効く人と効かない人がいる。副作用が出る人と出ない人がいる。その違いは、一体何なのか。コーヒーの話も含めて、その詳細は、第３章で解き明かしていきます。

ＤＮＡの98％は「ゴミ」と呼ばれていた

なぜ今、ＤＮＡの「個性」の解明が急速に進んでいるのか。ここで、少し詳しく説明しましょう。その大きな飛躍は、人のＤＮＡの中で、これまで「ジャンク」とか「ゴミ」呼ばわりされてきた、ＤＮＡの98％を占める未知の領域の解読が最近になってようやく進み始めたことで実現しました。

この「ＤＮＡの98％は未知だった」という話をすると、よく「えっ？　ヒトのＤＮＡって、全部解読されているんじゃなかったっけ？」と質問されます。確かに、ヒトゲノムの全ＤＮＡ配列を決定するという「ヒトゲノム計画」は、２００３年に完了。しかしこのとき、10年以上もの歳月と数千億円ものコストをかけて解読されたのは、たったひとりのDNA配列です。しかも、このときわかったのは配列だけで、その暗号のような配列にどんな意味があるのか、という「意味の解読」はゲノムの中のごく限られた部分しかできていませんでした。

その後のDNA研究は、ゲノムのほんの一部分、「意味がありそうなところ」のみを中心に調べる時代が長らく続きました。その「意味のありそうなところ」が、私たちにおなじみの「遺伝子」です。

今度は、「えっ、遺伝子って、ゲノムのごく一部なの？」って思いますよね。そうなんです。ここで改めて、「遺伝子」と「DNA」の違いについて、簡単におさらいしましょう（口絵Ⅱ～Ⅲページ）。

「DNA（デオキシリボ核酸）」は、ひとつひとつの細胞の核の中に入っている、遺伝情報を担う物質で、2重らせんの形をしています。中に、A（アデニン）、G（グアニン）、C（シトシン）、T（チミン）という4種類の塩基と呼ばれる物質がおよそ30億並んでいて、その塩基の配列が、暗号のごとくさまざまな意味を持ちます。この全DNAの情報を、「ゲノム」と呼びます。

このゲノム（全DNA情報）の中の、ごく一部が「遺伝子」です。「遺伝子」という言葉には、さまざまな定義や使われ方がありますが、ここでは、全DNAの中で、最終的に、体の中で必要ないろいろなタンパク質に変換される部分を「遺伝子」と定義します。専門的には「コード領域（coding region）」とか「エクソン」とも呼ばれます。

たとえるなら「遺伝子」とは、目や耳、心臓といった体の組織や、血液やホルモン、酵素などさまざまな物質の「設計図」の情報がある部分で、DNA全体のおよそ2％にあたります。この2％の遺伝子（＝体の設計図）は、DNAの中で最も重要な部分とされ、従来の研究はほとんどこの「遺伝子」の部分を中心に行われてきました。

一方、DNAの残り98％は設計図の働きがなく、どういう役割があるのか、よくわからなかったため、「何の働きもないゴミだ」とさえ、言われてきたのです。研究者たちのあいだでも「ゴミくずのようなもの」という意味で、しばしば「ジャンクDNA」と呼ばれていました。専門的には、タンパク質に変換されない領域＝「非コード領域（non-coding region）」と言われます。

DNAの98％もの領域を「ゴミ」だとするのは、あまりに乱暴にも聞こえますが、とにかく、全DNAを解読するには非常にコスト（2000年代初頭で、ひとり分を全部読むのに10年以上、数千億円）がかかるため、多くの研究は、働きのよくわからない98％の部分ではなく、より重要な発見が見込めそうな2％の遺伝子の部分のみを対象に行われてきました。そして、DNA上に点々と散らばって存在する、およそ2万個の「遺伝子」を読み解けば、人体の秘密の多くが解明できる、医学は飛躍的に進歩する、と考えられていました。

ところが、10年以上経っても、「遺伝子」をいくら調べても、人体の解明は思うようには前進しませんでした。たとえば、私たちが悩まされる多くの病気に、なぜかかる人とからない人がいるか、という最も期待された疑問の解明もほとんど進まなかったのです。「遺伝子」の研究だけでは、なぜ医学の謎に答えられないのか。そう、私たちひとりひとりの「個人差」を生み出す、個性に関する情報のほとんどが、「遺伝子」の部分ではなく、ゴミと呼ばれた、DNAの98%の部分にあったからです。

姿形や性格、才能などを決める領域

従来の研究を大きく変えたのは、DNA解析技術の飛躍的な進歩です。解析スピードが一気に加速したことで、世界中の研究者たちは、われ先にと、DNAの残り98%の解析に乗り出しました。その結果、ゴミと呼ばれてきた遺伝子以外の領域には、私たちの姿形、性格、才能など、さまざまな個性を決める重要な情報が潜んでいることが次々に明らかになってきたのです。

自らもDNAの研究でノーベル生理学・医学賞を受賞した、京都大学iPS細胞研究所の山中伸弥教授も、「今、DNAの98％の中から、大変な数の発見が毎日のように報告されています」と語るように、DNAの98％の解明はゲノム研究に爆発的な進展をもたらしています。

このゴミと呼ばれたDNAの98％の領域に隠されていた、最大の宝物のひとつは、私たち人類の驚異の「多様性」の秘密です。

DNAの仕組みとは、本来、「遺伝（heredity）」と「多様性（variation）」の両方を担う仕組みです。それが「日本語では、『遺伝』のほうだけが『遺伝子（gene）』や『遺伝学（genetics）』という言葉と一致してしまっているので、『多様性』の概念が抜け落ち、『遺伝』のイメージばかりが強くなってしまっているんですよ」と教えてくれたのは、日本遺伝学会の会長で、東京大学定量生命科学研究所の小林武彦教授です。

小林教授は、DNAの98％の領域が生み出す「多様性」に注目しているこの分野の第一人者で、新学術領域研究「ゲノムを支える非コードDNA領域の機能」の代表も務めていました。

先述した、人の顔の多様性、体質の多様性、それに加えて、才能の多様性の秘密が、今このDNAの膨大な未知の領域の中から見つかりつつあります。

これまでの「遺伝子」を中心とした研究では、どんな働きを持つ遺伝子か、ということの次は、正常な遺伝子かどうか、ということが問題になります。つまり、「白」か「黒」か、「正常」か「異常」か、という二元論で多くが語られてきました。

ところが、膨大なDNAの98％から明らかになってきたのは、「白」か「黒」か、という単純な構造ではない、極めて複雑な「多様性」に満ちあふれたシステムでした。多様性とは、「正常も異常もなく、とにかくいろいろある」ということです。生命の仕組みは、人間が作り出した「正常」か「異常」かという二元論的な解釈の難しい、豊かな「多様性」を生み出す仕組みであることがわかったのです。そのあたりも本書では存分に味わっていただきたいと思っています。

本書における〝トレジャーDNA〟も、「よい」「悪い」という意味とは別に、そうした複雑性の中において、未知の領域から見つかった重要な働きをするDNAのことを、そう呼んでいきます。

第2章 病気から体を守る〝トレジャーDNA〟

ヘビースモーカーの109歳

「私の名前はリチャード・オバートン。109歳だ。タバコは今でも1日だいたい12本、それ以上吸うこともあるよ」

アメリカ・テキサス州イーストオースティンに暮らすリチャード・オバートンさんは、生涯にわたって、葉巻タバコとウイスキーを愛していました（35ページ上の写真）。

122歳まで生きた歴代最高齢者とされている（諸説あるようですが）、フランス人女性のジャンヌ・カルマンさんも、21歳のときから117歳になるまで、タバコを吸い続けていたことが知られています。

喫煙は「百害あって一利なし」と言われ、さまざまな病気のリスクを高めることが知られています。それにもかかわらず、ヘビースモーカーでありながら100歳を過ぎても健康に生きられる人たちがいることは、医学界の大きな謎でした。

今回、取材で出会った、ニューヨーク州に住む、ルイーズ・レビーさん（108歳）は、ブリッジというカードゲームを仲間と1日数時間も楽しむ、大変明晰なおばあちゃんでした（35ページ下の写真）。彼女も、10代から始めたタバコこそ40代にやめていましたが、今も毎晩お酒は欠かしません。若いころから運動が苦手で、もともと体力もなく、運動すれば誰よりも先にへとへとになっていたそうです。ほとんど習慣として運動をしたことはないと言います。

「こんな私が、まさかこの年まで生きるなんて、夢にも思いませんでした。孫の顔を見られるとすら思っていませんでしたから」

不摂生をしていても、健康に長生きできるのはどうしてか。私たちは、100歳を超えて健康長寿を実現している人たちは、何かしら、その長寿の秘訣とでもいうべき健康的な生活習慣があるものだと考えがちです。しかし、そんな百寿者たちの最近の研究から、不摂生なのに長生きするケースは決してめずらしくないことがわかってきました。そして、その秘密が彼らの〝トレジャーDNA〟にあることが明らかになってきたのです。

109歳のリチャード・オバートンさん。葉巻タバコを1日12本からそれ以上吸い続けている。

108歳の今も毎晩お酒を楽しむ元気なルイーズ・レビーさん。若いころから運動習慣はない。

画像提供（上段の写真）Rocky Conly LLC

調査でわかった百寿者たちの不健康な暮らしぶり

私たちは長寿者のＤＮＡの秘密を解明するため、アメリカ・ニューヨーク州ブロンクスにあるアルバート・アインシュタイン医科大学を訪ねました。長寿遺伝子研究プロジェクトを率いるニール・バージライ教授は、これまでに数百人の百寿者たちを対象に、ＤＮＡの解析をはじめ幅広い研究を行ってきました。

「あなたたちは、百寿者たちのＤＮＡの秘密を知りたいのですね？　それはまさに、私自身の長年の研究の目的ですよ」

バージライ教授は、百寿者の長寿の秘密を明らかにするために自らが立てた仮説から丁寧に話してくれました。

［**仮説**その**1**］**百寿者たちは「健康的な生活習慣」を実践している。**

「私たちが調べたのは、彼らが一般的に推奨されている健康的な生活習慣を実践してきたのか、ということです。たとえば、健康な食生活、適切な体重維持、運動習慣、禁煙などです。意外なことに、答えはノーでした。95歳以上の４７７人のライフスタイルを調べると、極めて驚くべきことがわかりました。まず、彼らの50％近くが肥満体でした。さらに、男性の60％、女性の30％には喫煙習慣がありました。運動についても、家事や散歩、自転車といった軽いものさえ50％未満の人しかしていませんでした。つまり、彼らの多くは、他の人々と似たり寄ったりの生活、あるいは、かなり不健康とも言える生活を送っていました」

百寿者の長寿の理由を明らかにしようという試みには、他にも数多くのアプローチと研究結果があります。中にはもちろん、彼らが暮らす環境や生活習慣が、健康に長生きするための重要なファクターである、と結論づける研究も少なくありません。

しかし、少なくともバージライ教授らによる、477人のライフスタイルを調べた研究からは、食習慣や運動習慣では説明がつかないことがわかったのです。そこでバージライ教授らは、百寿者たちはもともと長寿になりやすい特別な体質を持って生まれた、つまり、長寿の秘密はＤＮＡにある、と考えました。

百寿者みんな、5つ以上〝病気のDNA〟があった

［仮説その2］百寿者たちは「病気にならない完璧なゲノム」を持っている。

バージライ教授たちは第二の仮説として、百寿者たちは、病気の原因となる遺伝的変異を持っていない、いわば完璧なゲノムを持っているのではないか、と考えました。これまでのさまざまな病気に関する遺伝学研究から、心疾患、アルツハイマー病、糖尿病など病気の原因となるDNAの変異が数多く明らかになっています。百寿者が特別なのは、そうした病気の原因となる変異を持たないためだろうと考えたのです。

しかし、実際に百寿者のDNAを調べてわかったのは、驚くべき事実でした。

「DNAを詳細に調べた百寿者たち44人は、なんと病気を引き起こすべき230ものDNAを持っていました。平均すると、病気をもたらすはずの変異がひとり5つ以上あるのに、誰もその病気になっていないわけです。それらの変異には、いくつか非常に危険であることが証明されているものもありました」

百寿者たちが持っていた、リスクの非常に高い遺伝子変異とは、どんなものだったのでしょうか。

「たとえば、アルツハイマー病の主なリスク要因として知られているAPOE4という遺伝子型があります。通常では、この遺伝子型を持っている人は、多くが70歳くらいでアルツハイマー病になり、残念ながら80歳くらいで死んでしまいます。ところが、研究に参加した複数の百寿者は、APOE4を持っていながら認知症をまったく発症しませんでした。他には、BRCA遺伝子の変異もありました。これは乳がんと卵巣がんの発症に関連している遺伝子で、俳優のアンジェリーナ・ジョリーが、BRCA遺伝子変異を持っていたことで知られています。彼女は、乳がんの発症リスクが80％を超えるとわかり、乳房と卵巣を切除しました。しかし百寿者の中には、これらの遺伝子型を持っていても発症せず、100歳まで生きている人々がいるのです。

たとえ「危険な遺伝子」を持っていても、100歳以上生きられる。この事実は、世界中の研究者に衝撃を与えました。そして、数多くの百寿者たちのDNAを調べてきたバージライ教授が、最終的にたどり着いた結論ともいうべき仮説は、次のようなものです。

〝病気から体を守るDNA〟が次々明らかに

［仮説その3］百寿者たちは〝病気から体を守るDNA〟を持っている。

百寿者たちは、病気の原因となるような非常に有害なDNAの変異を持ちながらも、同時に、それらを抑え込むような「防御的なDNA」を持っているために、発症せずに長生きできているのではないか。百寿者たちの多くが、老化とともに発病するはずの病気にならずに生きられるのは、病気から保護してくれたり、老化を遅らせたりするようなDNA

を持っているからだろう、と結論づけたのです。

「私たちは、長寿者を長寿たらしめているDNAは、他の有害な遺伝子の影響に対する保護機能や、老化プロセス全体に対する保護機能を持ち合わせていると考えています。ですから、防御的なDNAをもっとたくさん見つけることが重要です。それらを見つけて、その働きをもたらす医薬品を開発することが重要なのです」

バージライ教授らは今、その病気から体を守る働きをするDNAを、これまでほとんど調べられてこなかったDNAの98％の領域から見つけ出し始めつつあり、その広大な未知の領域に大きな期待を寄せています。

「研究者たちはこれまで、人の体を作るタンパク質の設計図という意味で重要な、『遺伝子』の領域に大きな焦点を当ててきましたが、この領域はゲノム全体のたった2％にすぎません。実は、残りの領域こそ、宝の山だったのです。今、この領域は生物学者の注目の的となっていて、その研究から老化を遅らせたり予防したりする方法や、さらには若返る方法も見つかるのではないかと期待しています」

バージライ教授の予測どおり、DNAの98％の領域の中には、〝病気から体を守るDNA〟がたくさん眠っていることが、今、世界中で行われている数万人から数十万人規模の大規模ゲノム研究から、次々に明らかになっています。そのひとつが次に紹介する「タバコから肺を守るDNA」の発見です。

「タバコによる肺の病気のリスク」が80%も下がる

長年にわたってタバコを吸い続けて、それが原因で病気になる人もいれば、先述のリチャード・オバートンさんやジャンヌ・カルマンさんのように、100歳を超えても病気にならずに健康で生きられる人がいるのはなぜか？ その大きな謎に、40万人ものDNAを調べて挑んだのが、イギリスにあるレスター大学のマーティン・トービン教授らの研究チームです。

「通常、喫煙は、肺の病気による死亡率を著しく高めます。しかし、喫煙者のすべてが、肺の病気になるわけではありません。生涯にわたりヘビースモーカーでも、かからない人もいるのです。このことは長年の謎でしたが、私たちはその謎の答えをついに明らかにしたのです」

トービン教授が、この画期的な研究で利用したのが、イギリスが誇るUKバイオバンクです。UKバイオバンクは、イギリスのボランティア約50万人のDNAデータ、身体検査データ、血液検査データ、ライフスタイルデータ、疾病記録などを追跡し統合的に研究しています。そして特筆すべきは、２０１７年7月に、このＵＫバイオバンクのＤＮＡ情報を含むすべてのデータベースが、公開されたことです。これによってＤＮＡ情報を含む大量のデータセットを自由に研究に使えるようになったことで、ゲノム研究が加速しているのです。

「今回の私たちの発見は、ＵＫバイオバンクの非常に大規模なデータセット、高度に熟練した分析者、レスター大学の優れた高性能コンピュータが結集された結果です」

トービン教授らが明らかにしたのは、「タバコから肺を守るＤＮＡ」です。具体的には、肺の病気、慢性閉塞性肺疾患（ＣＯＰＤ）から体を守る働きをするＤＮＡです。ＣＯＰＤは、肺機能の低下を特徴とし、全世界の死因第3位という深刻な病です。国内の疫学研究によると、喫煙はＣＯＰＤによる死亡率を3倍近くに高めるといい、アメリカ合衆国保健福祉省の発表では、死亡率を12～13倍に高めることが報告されています。

トービン教授らは、40万人ものＤＮＡの、なんと２０００万ヵ所を詳細に解析しました。すると、「タバコから肺を守るＤＮＡ」の配列が大量に見つかり、それらの組み合わせにより、ＣＯＰＤにかかる遺伝的リスクの最も高いグループの人たちは、最も低い人たちの４・７３倍、ＣＯＰＤにかかりやすいことがわかりました。逆に言えば、最も肺を守られている人たちは、彼らが持つＤＮＡのおかげで、最もＣＯＰＤにかかりやすい人たち

より も80%近くリスクが低くなっていることになります。

トービン教授らはCOPDの発症にかかわるDNAの領域を、279ヵ所見つけていま す。そして、そのほとんどが、これまでゴミと思われていたDNAの98%の領域の中に見つかったのです。トービン教授は、こうしたDNAには、肺の炎症を抑える働きなどがあると考えています。

「ジャンクDNAという言葉は、もはや完全に時代遅れの言い方です。現在、このDNAの非コード領域が極めて重要な機能を果たしていることがわかりつつあります。この領域にある多くの配列が、まるで病気を治す〝薬〟のような働きを持っていることがわかってきているのです。これは、私たちのゲノムの中にすばらしい働きが隠れているという発見だけでなく、未来の薬をどのように開発していくかということの非常に重要な手がかりとなりうるのです。私たちは、このDNAの98%の中に隠された、重要な宝を突き止めようとしているのです」

がんや認知症、アレルギーを防ぐDNA

DNAの98%の領域には、他にも、がん、認知症、アレルギーなど、さまざまな病気から体を守る働きをするDNAがあることがわかってきました。別の言い方をすれば、この領域は、あらゆる病気へのかかりやすさの違いに深くかかわっているということです。

どうやら、あなたが授かったDNAの中には、あなたが気づいていない個性がたくさん眠っているようなのです。

あの108歳のレビーおばあちゃんを、思い出してください。体も弱かったレビーさんは、自分は孫の顔を見ることさえできないと思っていたのに、たくさんのひ孫や玄孫《やしゃご》たちに会えるほど長生きをしています。レビーさんの場合、乳がんも経験しながら、108歳まで生きています。

ある人は、ある病気から強く守られ、ある人は、別のある病気から強く守られている、という具合に、それぞれの病気への耐性に、多様性があることがわかってきています。DNAの98%の領域の中にどんな配列を持っているかによって、どんな病気から守られている体質なのか、どんな病気になりやすい体質なのか、その多様性が決まっているということなのです。

第3章 健康のカギ　効く効かないはあなた次第という事実

「○○が健康によい」が万人に通用しない!?

今、怒濤《どとう》のごとく明らかになりつつある「DNAの個性」は、私たちの日々の健康に直結する重要な情報であることもわかり始めています。たとえば、世の中には「○○が健康によい」という情報があふれていますが、あなたのDNA次第で、効果が得られるかどうかがまったく異なる可能性があるのです。

これまでの健康科学の知見に一石を投じたのが、トロント大学栄養科学部のアーメド・エルソヘミー教授です。

エルソヘミー教授の研究室を訪ねたのは、日に日に寒さが厳しくなってきた11月の終わり。研究室に着くころには雪が舞い始めていました。47歳という年齢よりもずっと若く見える、少年の面影を残したような顔立ちのエルソヘミー教授は、温かいコーヒーを片手に、日本から来た私たちを迎えてくれました。

「あなたたちも、毎朝コーヒーが欠かせないですか？　私は、いつもデカフェですよ」

コーヒーの健康への影響についての彼の研究こそ、私たちがこの場所を訪ねた理由でした。

エルソヘミー教授は、コーヒーの話の前にまず、従来の栄養学が抱える本質的なウィークポイントについて語ってくれました。

「どんな栄養素や健康成分も、それがもたらす健康上の結果については、ほぼ必ずバラつきが見られます。減塩食は、血圧を下げるのに効果的だ、という研究もあれば、一部の人々は、減塩食に替えても血圧が上昇してしまう、という報告があります。どんなに実験条件を精密に設定しても、やはり人によって異なる反応結果が得られます。どのような研究を行っても、異常値を持つ人は常に存在します」

はたして、こういう矛盾した結果や異常値は、ただの「例外的な結果」として無視してよいものなのか？　エルソヘミー教授は、こう問いかけます。

「もしあなたが、こうした異常値を持つひとりで、栄養学者たちの行うアドバイスによって、逆に健康が損なわれるとしたら、どう思いますか？」

そう、異常値を出した少数派の人たちにとって、大多数の人の健康状態を向上させるアドバイスは、何度試しても逆効果になりうるのです。彼らにとって、その値は「例外的な結果」ではなく、DNAの個性がもたらす、「通常の結果（いつもの値）」かもしれないのです。

「結果の矛盾や不均一性の原因はいくつもありますが、最も重要なのは、その人のDNAです。DNAのタイプによって、何かを摂取したときの体の反応が異なる可能性がありますす。今までの、万人向けの栄養学という考え方から、私たちも前に進まなければならないのです」

「○○は健康によい効果をおよぼす」という多くの研究報告の背後に、実は、そのよい効果を享受できず「例外的な結果」を示す人たちが少なからずいる、という事実は、「シンプルで明快な結果」を求める研究者にとって不都合な真実だったかもしれません。

しかし、エルソヘミー教授は、そうした「例外的な結果」から目をそらさず、大多数の人たちとは違った体の反応を示す人たちに、最適なアドバイスをすることをめざしています。それは、人によって最適な栄養は異なることを、DNAに基づいて科学的に明らかにすることです。「ニュートリゲノミクス」と呼ばれる新たな研究が、栄養医学の世界に新たな潮流を起こそうとしていることを実感しました。

コーヒーが健康に「よい人」と「悪い人」

エルソヘミー教授が注目した矛盾のひとつが、コーヒーと心臓病の関係です。

「コーヒーの健康への影響については、多くの研究が行われてきましたが、その結果は一貫したものではありませんでした。たとえば、心臓病への影響ひとつとっても、コーヒーは心臓によい効果があるという研究もあれば、逆に悪い影響があるという研究もあったのです」

コーヒーには、ポリフェノール、ジテルペノイド、カフェイン、微量ミネラルなど、私たちの健康に関連している多くの物質が含まれています。その中でも抗酸化物質であるポリフェノールには、血管を若返らせ、心臓を健康に保つ働きがあると考えられています。これは、コーヒーが体によいと言われる主な理由のひとつです。一方、コーヒーのカフェインには、血管を収縮させ、血圧を上げる可能性があると考えられています（カフェインには覚醒作用やリラックス効果などのよい働きもあります）。

そこで、エルソヘミー教授が注目したのは、「カフェインの分解能力を決めるＤＮＡ」です。それは、ＤＮＡの98％の部分に見つかっていました。アルコールの分解能力の違いは、お酒を飲んだときの顔色でわかる（アルコールが分解されてできるアセトアルデヒドの分解能力の低い人は顔が赤くなります）のでご存じの方も多いと思いますが、カフェインの分解能力は、顔に出るものではなく知る由《よし》もありません。しかし、目には見えない体質の違いとして、カフェインを代謝する能力には大きな個人差があり、カフェインをすばやく分解できる人もいれば、なかなか分解できない人もいることがわかっています（51ページの上のグラフ）。

国や民族によってその割合は変わりますが、日本人では、カフェインをすばやく分解できる人は、およそ40～50％、分解が遅い人は、10～20％、残りは中間タイプだと言われています。

エルソヘミー教授らの研究チームがコスタリカに住む4000人を対象に、このカフェイン分解能力を決めるDNAとコーヒーの摂取量と心筋梗塞の発症リスクを調べたところ、世界で初めてとなる興味深い結果が得られました。

カフェインをすばやく分解できるDNAを持っている人では、コーヒーを飲むことで、心筋梗塞のリスクが減少していたのに対して、逆に、カフェインの分解の遅いDNAを持つ人では、コーヒーを飲むことで、心筋梗塞のリスクが増加する可能性があることがわかったのです。

50歳未満で調べた結果は最も顕著で、51ページの下のグラフにあるように、カフェインをすばやく分解できるDNAを持つ人では、コーヒーを1日1杯飲むことで、心筋梗塞のリスクは、飲まない人に比べて39％にまで減少。2〜3杯飲む人では、35％にまで減少していました。逆に、カフェインの分解の遅いDNAを持つ人（中間タイプを含む）では、コーヒーを1日1杯飲むことで、心筋梗塞のリスクが2倍以上に増加するという結果でした。

このエルソヘミー教授らの研究の後、コーヒーと高血圧に関する研究でも同様に、カフェインをすばやく分解できるDNAを持つ人の場合には、コーヒーは血圧に対してよい影響をもたらすが、分解の遅いDNAを持つ人にとっては有害な可能性があることが示されました。

エルソヘミー教授は、こうしたDNAがもたらす健康への影響の違いは、コーヒーに限らないと言います。

「万人向けに何かを勧めるというアプローチは、すでに時代遅れです。最新の科学的根拠によれば、食品成分に対する反応は人によって異なり、その大きな理由はひとりひとりのDNAにあります。ですから、人間のゲノムの98％の領域を含むすべての領域を比べれば、バリエーションがたくさんあり、ひとりひとりが異なる栄養ニーズを持っているので

カフェインの分解能力を決める DNAを持つ人の割合

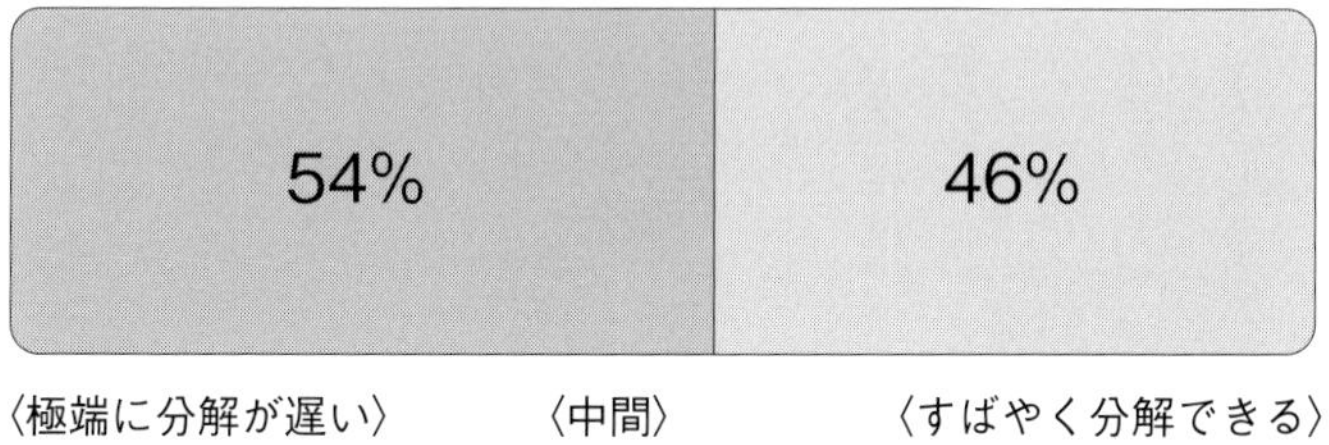

カフェインをすばやく分解できる人の 心筋梗塞のリスク

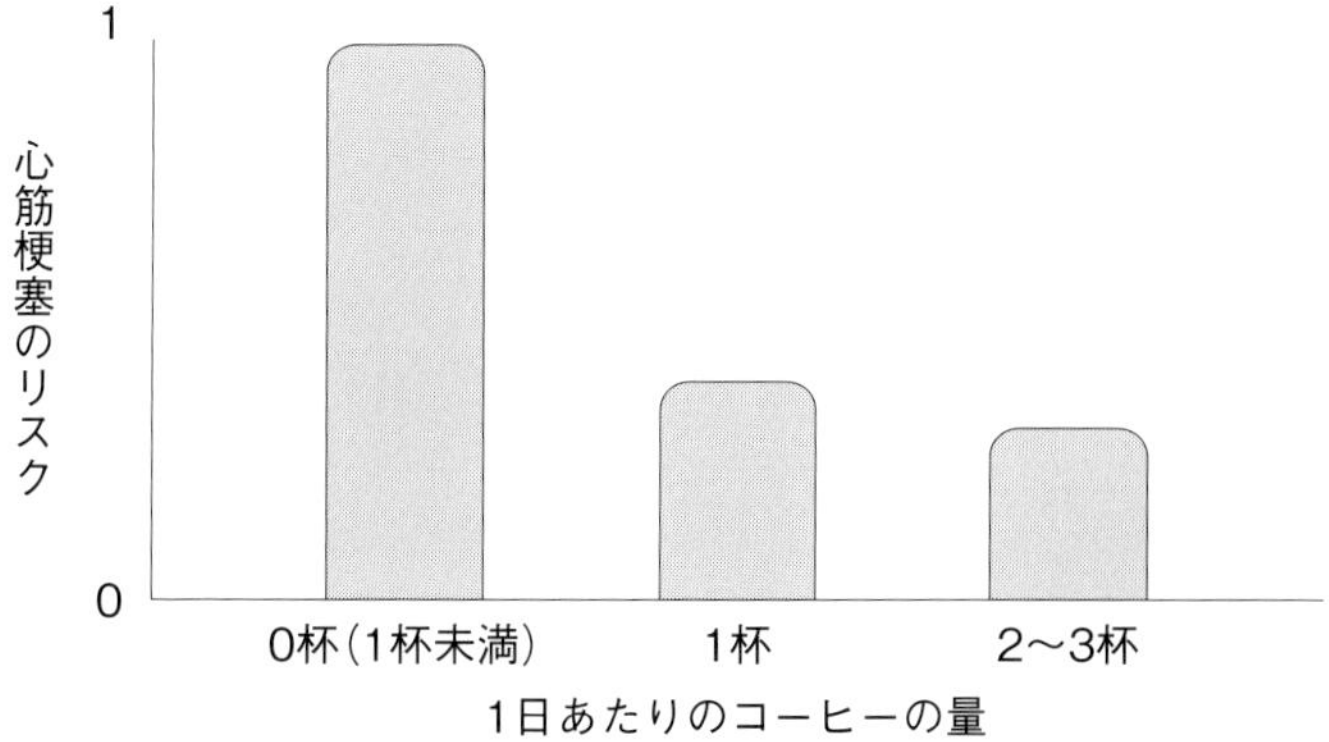

調査対象　50歳未満
出典　Coffee, CYP1A2 Genotype, and Risk of Myocardial Infarction. JAMA（2006）

す」

そうなると、自分はコーヒーを飲んでよいのか、控えないといけないのか、気になる人も多いと思います。しかし、DNAと体質の関係については、国や民族によって異なる結果となることも少なくありません。ご紹介した研究結果は、海外で行われたものであり、日本人ではまだ、DNAと心臓病や高血圧への影響についての詳細な研究が行われていないため、同じ結果かどうかはわかりません。

またカフェインの分解が遅い人への影響の度合いについても、研究者のあいだで議論が続けられているところです。日本人の詳細な研究がない現時点では、自分がどちらの体質か、気にしすぎないほうがよいでしょう。

「コーヒーは体によいから」と見聞きした情報をもとに、あまり好きでもないのに、我慢して毎日何杯も飲むようなことはお勧めできませんが、コーヒーが大好きという人が、心配してすぐに飲むのをやめる必要はまだないと思います。今後のさらなる研究を待ちましょう。

くり返しになりますが、こうした研究が私たちに教えてくれることは、テレビや雑誌、インターネットなどで毎日のように目にする健康情報に触れる際、多くの人にとってすごく体によいことが、あなたには真逆に働くこともある、という事実です。このことを頭の片隅に置いておくことが大切です。

「がんゲノム医療」が本格的にスタート

栄養分野に先駆けて、ＤＮＡの個性を調べて医療に生かそうという動きが導入され始めているのが、薬です。カフェインと同じように、薬に含まれる成分の代謝能力には、人によって大きな違いがあります。

たとえば、血液が固まるのを妨ぐ抗凝固薬「ワルファリン」。日本人の中でも、ＤＮＡのタイプの違いによって、１日あたりの必要な投与量には、20倍以上もの個人差があることがわかっています。

同じようにある薬を飲んでも、効く人と効かない人がいる。副作用が出る人と出ない人がいる。そうした差は、ＤＮＡの「個性」に起因するということが急速に明らかにされようとしています。個人のＤＮＡのタイプに最も適合した薬を選択する「テーラーメイド投薬」が、世界中でいよいよ本格的に始まりつつあるのです。

日本では２０１８年、がん治療において患者ひとりひとりの遺伝情報をもとに最適な薬を選ぶ「がんゲノム医療」が全国１１１の病院でスタートしています。がん組織のＤＮＡ

の配列を調べて、ある特定のＤＮＡに変異があった場合には、そのＤＮＡ変異に効果が期待できる治療や投薬を選択するという最先端の医療です。

２０１９年6月には、「がんゲノム医療」に欠かせないＤＮＡ検査に公的な医療保険が適用されることが決まりました。国は、「がんゲノム医療」をがん対策の柱と位置づけており、今後、全国すべての都道府県で「がんゲノム医療」の提供が可能となることを目指しています。

生きていくうえで欠かせないビタミンやミネラルなど、栄養素を吸収する能力や代謝する能力も、ＤＮＡのタイプによって異なることが少しずつわかってきています。ビタミンＣやビタミンＢ群のひとつである葉酸なども、同じ量を摂取したとき、体内で維持できる量に大きな個人差があります。これまでの「ビタミンＣを１日１００㎎とりましょう」といった栄養摂取基準は、あくまで平均的な人に対する目安量にすぎないと言えます。

よく知られている例は、先ほどのエルソヘミー教授の話にもあった、「塩分」摂取と血圧の関係における個人差です。

私たちのゲノムの中には、塩分を体内に貯え、血圧を高く維持しようとするＤＮＡがあります。

その塩分の保持能力には個人差があり、「食塩感受性」と呼ばれます。塩がほとんどない熱帯雨林で、植物性の食べ物を摂取しながら進化してきた私たち人類の祖先にとって、塩分を体内に保持する能力は重要でした。毎日、同じ量の食塩を摂取していても、食塩感受性の高い（塩分の保持能力の高い）人は、食塩による血圧の上昇が起こりやすくなります。

同じ高血圧の人でも、この「食塩感受性」が原因で高血圧になっている人は、食塩の摂取量に、より注意する必要があるのです。

「個人」に焦点を当てると、食事や栄養素などを摂取したときの反応は、人それぞれみな、「平均」とは異なります。そんな「平均」とは異なる「個人」が、何をどれだけ摂取すべきかを明らかにすることは、予防医学の重要な課題のひとつだと言えます。

今後、ＤＮＡの「多様性」の解明が進むと、さまざまな食べ物や薬の適正な摂取量が明らかになり、予防医学と薬物治療の効果が飛躍的に向上するのではないかと期待されているのです。

合法的ドーピングと言われるカフェイン

話は少し変わりますが、ＤＮＡの特性に合わせたトレーニングや栄養摂取戦略によって、アスリートの運動パフォーマンスを向上させる研究もさかんに行われています。

先ほどご紹介したカフェインも、そのひとつです。

陸上の長距離種目や自転車など、持久系のスポーツでは、競技前にカフェインを摂取すると、タイムが向上することが知られています。

そのメカニズムについて、詳細は明らかになっていませんが、考えられている仮説のひとつは次のようなものです。

摂取されたカフェインが、血液にのって脳に運ばれ、痛みや疲労を感じる部分の感受性を低下させるため、選手たちは、疲労による限界を感じにくくなる。そのため、疲労を感じた脳からのブレーキが抑えられ、限界ぎりぎりまで力を出しきることができる、というものです。

以前は、禁止薬物とされていましたが、2004年以降、アンチ・ドーピング規程の一覧からは除外されました。合法的ドーピングとも言われる所以《ゆえん》です。

ところが、このカフェインの持久力の向上効果も、得られる人とそうでない人がいることを、先ほどのトロント大学のエルソヘミー教授らが発表しました。

エルソヘミー教授は、さまざまな競技のアスリート100人を集め、DNAを解析。カフェインを飲むことにより、10キロのサイクリングのタイムがどう変化するか調べたのです。

実験の結果、カフェインを摂取すると、ある選手たちは、タイムが平均約7％も向上しました。ところが、なぜか別の選手たちは、平均約14％もタイムが悪化。カフェインの効果が、真逆に表れました。

カギを握っていたのは、やはり、カフェインの分解能力の違いをもたらすDNAでした。分解能力の高い人の場合、タイムが向上したのに対し、分解能力の低い人では、タイムが悪化したのです。

カフェインには、疲労を感じさせない作用のほかに、先述のように血管を収縮させる作用があります。エルソヘミー教授によると、カフェインをすばやく分解できる人は、脳でプラスに作用したカフェインが、体内で速やかに分解されるため、血管の収縮があまり起きません。しかし、分解の遅い人たちは、カフェインが体内に残っている時間が長いために、血流が悪くなり、酸素が供給されにくくなります。その結果、筋肉が疲れやすくなるのではないか、と考えられています。

これらは最新の知見であり、詳しいメカニズムは、はっきりとは解明されていません。しかし、アスリートのパフォーマンス向上のために「何が効くか」がDNA次第であるというアプローチは、大変注目され始めています。

オリンピック選手に共通するDNA

アスリートのパフォーマンスとＤＮＡの関係については、日本では順天堂大学大学院スポーツ健康科学研究科先任准教授の福典之さんが長年注目して調べています。福さんは、国際的なプロジェクトのメンバーとして、世界中のトップアスリートを対象にＤＮＡ解析を行い、運動能力に関係するＤＮＡを探索し続けています。

福さんが、ＤＮＡとスポーツの研究を始めたきっかけは、自身の体質の「個性」に気づいたことがきっかけでした。学生時代に、長距離走の選手だった福さんは、自分がまったく筋肉トレーニングをしていないにもかかわらず、ふくらはぎにムキムキの筋肉がついてしまうことに気づきました。

瞬発力を必要としない長距離選手にとって、重い筋肉は不利になります。福さんは、周りの選手たちと比べ自分だけ足が太いことにコンプレックスを感じていました。同時に、自分と周りの選手のＤＮＡの違いが、この筋肉のつき方の違いを生んでいるのではないか、ということに実感として気がついたのです。以来福さんは、スポーツの世界でトップレベルの選手になれるかどうかは、どのＤＮＡタイプを持っているかが重要である、というテーマを持って研究に取り組んでいます。

ここでは詳しく述べませんが、福さんらの研究をはじめとするアスリートの遺伝学研究からは、陸上100mでオリンピックに出場する選手たちが共通して持っているDNAのタイプがあることや、長距離競技に有利なDNAがあること、けがをしにくいDNAがあることなどが見つかっています。

こうしたさまざまなDNAの個性は、初めは2%の遺伝子の領域から見つかりましたが、さらに今、パフォーマンス向上にかかわるDNAが、98%の領域から続々と見つかり始めています。

DNAの98%は遺伝子のコントローラー

DNAの多様性が、私たちの健康や運動能力など、あらゆる個性や体質にいかに重要な影響を与えていることかが、おわかりいただけたと思います。そして、そんな千差万別の多様性を生み出すのが、DNAの98%の領域の中にある配列の違いです。

では、「ジャンクDNA」と呼ばれ、これまで大して役に立っていないと思われていたDNAの98%は一体どんな役割を担っているのか。いよいよその驚異の仕組みに迫りたいと思います。

先ほど取り上げた、コーヒーの健康効果でも重要なカギとなる、カフェインの分解能力を例に見ていきましょう。カフェインを分解するために欠かせないのが、カフェインを分解する物質（CYP1A2）です。このカフェイン分解物質を作る設計図（＝遺伝子）は、誰もが持っています。DNAの2％に当たる部分の中にあります。

では、カフェインをすばやく分解できる人と、分解が遅い人とでは、何が違うのでしょうか？

DNA上でカフェイン分解物質を作る設計図の近くに、人によって配列が異なる箇所があることがわかっています。

具体的には、その部分が、A（アデニン）の人と、C（シトシン）の人がいるのです。アデニンってなんだっけ？　と頭を抱えなくても大丈夫です。要するに、塩基が30億並んでいるうちの1ヵ所が人によって異なるということです。

私たちは生まれるとき、父親と母親からそれぞれ23本ずつひも状のDNAを譲り受けています。つまり、同様のDNAのひもを2本ずつ23対持っています。その父由来、母由来の2本ともがAの人はAA型で、カフェインの分解が速いタイプ。2本ともがCの人はCC型で、分解の遅いタイプ。1本がAで1本がCの人は、AC型で中間タイプとなります。

では、たった1ヵ所のAとCの違いが、どのようにして体質の違いを生むのでしょうか？

まだ謎に包まれているカフェイン分解にかかわるDNAの98％の働きを映像化するにあたっては、静岡県立大学の吉成浩一教授に多大なる助言をいただきました。ここからは、吉成教授らが考える最新の仮説に基づき、解説します。

カフェイン分解物質が作られるためには、カフェイン分解物質の設計図（＝遺伝子）を、「読み取る」（専門的には「転写する」）必要があります。実は、DNA上で、先ほどのAA型AC型CC型の3タイプがある場所は、カフェイン分解物質の設計図を読み取る際に重要な、「エンハンサー」と呼ばれる場所と考えられています。

エンハンサーには、設計図の読み取りをスタートする重要な役割があるのですが、その中の一ヵ所が、CよりもAであるほうが読み取りをスタートさせやすいと考えられています。その結果、設計図が頻繁に読み取られ、たくさんカフェイン分解物質が作られるというわけです。

つまり、DNAの98％の領域にある一点の配列が異なることによって、カフェイン分解物質を作る設計図（＝遺伝子）が読み取られる頻度が異なる。そして、その違いにより、肝臓の細胞内でカフェイン分解物質が作られる量が異なることで、カフェイン分解能力に大きな個人差が生じるということです。

このように今では、DNAの98％の領域には、「遺伝子を読み取る頻度などをコントロールする」という極めて重要な役割があると考えられているのです。

そうして、遺伝子が作る物質の量やタイミングをコントロールすることで、さまざまな体質の違いを生み出していることがわかってきています。こうした個人個人の体質の多様性を生む重要な働きを、専門的には「遺伝子の発現調節」と呼びます。

もちろんこの仕組みは、カフェイン分解物質だけのものではありません。骨を作る物質、筋肉を作る物質、がんを抑制する物質など、遺伝子の情報をもとに、体の中であらゆる物質が作られるとき、98％の部分のDNAが、作る量やタイミングをコントロールしていることがわかってきているのです（口絵Ⅳページ）。

「顔」再現による犯人検挙が20件以上

私たちひとりひとりの個性の象徴とも言える「顔」についても、DNAの98％の領域の違いによって、顔立ちを決めるさまざまな物質（鼻の骨の成長にかかわる物質や、あごの骨の成長にかかわる物質など）が、ひとりひとり異なる作られ方をするために、多種多様な顔が誕生していると考えられるようになっています。

冒頭でもご紹介した、DNAから顔を再現する技術「DNA顔モンタージュ」は、まさに、ゲノム科学が今、人類の多様性の神秘の解読を可能にしつつあることを教えてくれる、象徴的な成果と言えるでしょう。

この技術が、さっそく威力を発揮しようとしているのが犯罪捜査です。通常、犯罪捜査で使われているDNA鑑定は、犯行現場などから見つかったDNAを、過去に犯罪歴のある人物のDNAデータベースと照合するなどして、犯人を特定するものでした。ですから、データベースにないDNAの持ち主は、当然特定することはできません。

しかし、最新の技術は、犯行現場に残された髪の毛や口をつけたグラス、タバコの吸い殻などに残された、ほんのわずかなDNAさえあれば、いきなり犯人の顔を浮かび上がらせることができるのです。

アメリカではこの類いの技術が、迷宮入りした事件を次々と解決しています。そのひとつが2009年にルイジアナ州で起こった殺人事件です。私たちは捜査にあたった、カルカシュー郡保安官事務所を訪ねました。

事件の実際の経緯をたどるため、まずは、捜査の責任者トニー・マンクーソ保安官に、被害者が発見された現場を案内してもらいました。

「ここで被害者を発見しました。その日は、寒くて陰鬱な日でした」

現場に残された手がかりは、被害者のツメに残った、犯人のわずかな皮膚片。そこから抽出されたＤＮＡだけでした。

捜査チームは、ＣＯＤＩＳと呼ばれるアメリカＦＢＩのＤＮＡデータベースで照合しましたが、合致するものはなく、さらに事件発生当時、被害者の周囲にいたと思われるさまざまな人物のＤＮＡを採取して回りましたが、一致する人物は見つかりませんでした。その後、有力な手がかりを得られないまま、マンクーソ保安官らの懸命の捜索も空しく、事件は迷宮入りしていました。

ところが、事件発生から6年が経ち、捜査は再び動き始めます。アメリカにあるパラボン・ナノラブズ社が提供している、「ＤＮＡの情報だけから顔を再現する」という驚きの科学技術を導入することにしたのです。

マンクーソ保安官が会見を開き、そのＤＮＡから再現した画像を公開すると、市民から画像に似た人物の情報が数多く寄せられ、それらに基づいた再捜査により、ついに犯人が逮捕されたのです。長年数々の事件を手がけてきたマンクーソ保安官も、従来の捜査を変える驚異的な技術の登場だと語りました。

ルイジアナ州とは別の殺人犯。こちらも迷宮入りしていたがDNA顔モンタージュにより逮捕。

「この新しいDNA解析は、捜査を百八十度変えました。私たちは容疑者としてヒスパニック系の男性を捜していましたが、この解析が描き出した犯人は青い目の白人で、私たちが探していた人物プロファイルとはまったく別の属性を持っていました。この新技術がなかったら、私たちは今でも殺人犯を捜していたと思います。被害者の母親と祖母に電話して、犯人逮捕の事実を伝えることができたあの日のことは、まるで昨日のことのように鮮明に覚えていますよ。それはそれは感謝してくれました」

アメリカでは、この新しいDNA解析を手がかりに犯人逮捕に結びついた事件が、すでに20件以上にのぼります。

AI×ゲノム「中国版DNA顔モンタージュ技術」

一体なぜ、こんなSFのような技術が可能となったのでしょうか?

パラボン社は、この技術に具体的にどのようなアルゴリズム(問題解決の方法や手順)を使用しているかは、公表していません。私たちは、パラボン社に以前研究協力していた、アメリカとヨーロッパのいくつかの研究グループに話を聞くことができました。取材を進めると、彼らの解析は、犯罪捜査の手がかりとしては一定の成果を挙げているものの、顔再現の精度はまだまだ開発途上であることがわかってきました。

ところが、同じころ、中国の研究チームがDNA顔モンタージュに関する最先端研究を行っているという情報を入手しました。それが、中国科学院のタン・クン教授が率いるグループです。

まだ論文が発表される前でしたが、彼らがDNAから作成したモンタージュ画像を私たちは見せてもらいました。左側には本人の顔、右側には本人のDNAから再現された顔。あまりにも似ていて、私は思わず驚嘆の声を上げました。ひと目見て、欧米で行われている研究よりも精度が高いのではないかと感じました。

しばらくして、この研究は学術誌に発表され、改めて世界で最先端のＤＮＡ顔モンタージュであると確信した私たちは、タン教授に正式に取材を申し込みました。

中国といえば、「世界初のゲノム編集ベビー誕生」で国際的に波紋を投げかけた研究が行われた地でもあります。国を挙げてゲノム研究が猛烈な勢いで行われている、最もホットなゲノム先進国です。

大都会、上海にある研究室を訪ねた私たちを、タン教授はとても温かく迎えてくれました。まだ40歳でがっしりとした体格のタン教授は、未開の研究領域に果敢に挑戦する、新進気鋭という言葉がぴったりの研究者です。夫人が日本人ということもあり、少しだけ日本語を理解することもできました。そして、前述のように、自分たちのＤＮＡ顔モンタージュ技術について自信ありげに語りました。

「唾液一滴のＤＮＡがあれば、人の顔を再現できます。たとえば、タバコの吸い殻やグラスに残った唇の跡、蚊のお腹の中にある人の血液などからでも再現できます。現在では、人が見て、本人であるとひと目でわかるレベルまで高まってきました」

本人であるとひと目でわかるレベル……。それを、タン教授は、数学的には50〜60％の再現性だと説明しました。私たちは、その最先端の精度を確かめるため、ＮＨＫスペシャルへのゲスト出演が決まっていた俳優の鈴木亮平さんにご協力いただき、ＤＮＡ顔モンタージュを行ってみることにしました。結果は、第1部の扉でご紹介したとおりです。鈴木さんご本人が、息をのむほどの再現画像が浮かび上がりました。

かつて小説や映画などで描かれたＳＦの世界が、現実のものになりつつある。司会の山中教授も鈴木さんの顔再現画像を見て、「鈴木さんだとわかってしまうレベル」と、驚きを隠せない様子でした。

この技術の開発は、当初考えていたよりもはるかに困難だったと、タン教授はその経緯を振り返ってくれました。

「研究を始めた当初は、顔の発達と関係がありそうないくつかの遺伝子を解析すれば、ある程度、人の顔を再現できると思っていました。しかし、実際には想像をはるかに超えるほど、複雑だとわかりました」

「遺伝子」だけでは、顔の形は決まらない。タン教授は、人の顔を形作る情報が、98％の部分に膨大に眠っていることを突き止めたのです。

遺伝子のみを解析していた数年前まで、顔立ちを決める遺伝子はわずか10〜20個程度しか突き止められていませんでした。ところが、タン教授らが数千人規模でＤＮＡの98％を含む全ゲノムを解析すると、なんと1万ヵ所以上のDNAに顔立ちを決めるカギが隠れていることがわかってきました。顔立ちには、これまで研究者たちが想像していたより、はるかに多くのDNAの領域がかかわっていたのです。たとえば、目の大きさひとつとっても、たくさんのDNAの影響が複雑にからみあっています。そうなると従来の生物学的な手法でひとつひとつのDNAが形質に与える影響を特定していくことはかなり困難です。

タン教授らの方法は次のようなものです。まず、たくさんの人を集めて、DNAデータとともに顔の3次元画像を収集します。そこからは、人工知能AIの出番です。ディープラーニングのアルゴリズムを確立してDNAと顔画像という高次元のデータのあいだにある、複雑な関係性を見つけ出します。この両者間の数学的な関係を見つけ出せば、AIは訓練を経て、人の顔立ちを予測することができるのです。

この手法からは、あるDNAや遺伝子がどのような生物学的過程で顔立ちに影響しているか、ということがわかるわけではありません。しかし、AIによって、目の幅、目と目の間隔、鼻の高さ、鼻の幅、頬骨の高さ、口角の位置、あごの幅などが計算によってはじき出され、顔立ちの3次元構造が推定されます。

生物学の専門家ではない、ビッグデータ解析のスペシャリストであるタン教授ならではのアプローチが、新しい世界を切り拓こうとしているのです。そして、そのまなざしは、

ＤＮＡ顔モンタージュ研究にとどまらず、医学を中心としたさまざまな分野へも向けられていました。

「人の顔に用いたアルゴリズムは、実は人に現れるあらゆる複雑な現象や複雑な行為に用いることができます。たくさんの異なる計算モデルを構築することで、子どもの成長、将来における疾病リスク、性格、潜在的な知能などを予測することができます。これは決して遺伝子決定論ではなく、可能性の話ですが、起こりうるリスクがあらかじめわかれば予防することができます。ＤＮＡ情報からリスクを予測するモデルができれば、未来の医学は治療のタイミングがますます早くなると思います。これが今後の医学における大きな流れだと思います」

ＡＩを使ったゲノムの高度解析は、人知を超えた複雑性を有するゲノムデータ研究の新たな本流になりつつあります。

石原さとみさん・鈴木亮平さんのＤＮＡ解析結果

番組の中では、鈴木亮平さんとともに、俳優の石原さとみさんのＤＮＡ解析も行いました。おふたりのＤＮＡの98％の領域からわかる特徴を、いくつかご紹介しましょう。

たとえば、石原さんのDNAからは、「耳たぶが小さい」という結果が出ました。ロンドン大学などが中心となり約5000人のラテンアメリカ人を対象に行われた研究から、耳たぶの大きさに最も強い関係があると考えられるDNAが、98%の領域にあることが突き止められています。

これは、見た目でわかる特徴なので、簡単に〝答え合わせ〟ができます。実際、本人も子どものころから自覚していたと言うとおり、石原さんの耳たぶは小さかったのです。

鈴木さんの解析項目のひとつには、はげやすい（男性型脱毛症になりやすい）かどうかがありました。鈴木さん自身が「いちばん気になる」と言っていたこの項目の結果は、「はげにくい」でした。

調べたのは、男性ホルモンの感受性に関係すると考えられるDNA。世界11ヵ国1万2000人が参加した大規模研究によると、このDNAを持つ人は、最も男性型脱毛症になりにくいと結論づけられています。

しかし、こうした結果には、必ずしも一喜一憂すべきでないことは、巻末資料の「今こそ知りたい！　最新『遺伝子検査』事情」に詳しく記載しています（244ページ〜）。

理由のひとつは、関与するDNAの数の問題です。「はげやすいかどうか」は、かなり多くのDNAが関与しているはずなので、今回の解析のように1ヵ所だけを調べても、百パーセント確実なことは言えないのです。もうひとつは、環境（生活習慣など）の影響です。「はげやすいかどうか」は、ストレスや睡眠時間、食事などの影響も少なくありません。今、消費者直販型の遺伝子検査サービスは急増しています。今後さらに身近なものになりますので、その結果の受け止め方について、知っておくことが重要です。

おふたりのＤＮＡから明らかになったのは、見た目にかかわる特徴だけではありません。たとえば、石原さんのＤＮＡの98％の中に見つかった「聴力を高めるＤＮＡ」は、それを持たない人に比べ、５００Hz（中音域）の音が、平均１・６dBよく聞こえる、という特徴を持っていました。５００Hzというのは、一般的な男性の話し声くらい。ドレミの音階の低いほうの「ド」くらいと言われています。

石原さんも番組の収録で、「自分が人よりもよく聞こえているかどうかなんて、あまり考えませんよね」と話していたとおり、そもそも色や音や匂いの感覚というのはなかなか人の感覚と比べることができないので、気づくことも難しいのですが、実は見た目にかかわる特徴と同じく五感も人によって少しずつ違っていると考えられます。

特に、色については、見え方に違いのあることがよくわかっています。他の大勢の人とは色が異なって見えてしまう人は、日本人男性で５％（20人に１人）います。これは「異常ではなく当たり前にある多様性のひとつ」で、日本遺伝学会では「色覚多様性」と呼んでいます。今回調べた1ヵ所のDNAがもたらす差異はほんのわずかではありますが、こうしたひとつひとつのDNAの小さな影響の積み重ねで、人によって、音や匂い、色などの感じ方が微妙に異なることが考えられます。

同じように「感じ方」の違いで興味深かったのは、「蚊に刺されたときのかゆみの感じやすさ」です。鈴木さんは、かゆみを感じにくいタイプだったのに対し、石原さんは、かゆみを感じやすいタイプという結果でした。

石原さんはこの結果にものすごく納得して、思い出すだけでかゆくなる、という表情なのに対し、鈴木さんは、「人がどれくらいかゆいかは知らないので……」という至極もっともな感想。しかし、「かゆいと言ってあまり大騒ぎはしない」と、ご自身の経験を振り返っていました。人と比べたことがないからわからない自分の感覚の個性に、初めて気づいた瞬間でした。

自分の中の「気づかざる個性」

このように、私たちは自分の体に、人とは少しずつ違った個性を無数に抱え持って生きています。耳たぶのように見た目で気づける個性はほんの一部で、ほとんどは比べることのできない、いわば「気づかざる個性」です。こうした個性のほとんどは、ＤＮＡの98％の領域の違いが生み出しているのではないか、と考えられています。

第1部初めの18ページに、「自分の性格や能力、運命は、遺伝子やＤＮＡで決まっている」という遺伝子決定論には、私たちはどこか抵抗を感じるものだと書きました。今回取材を進めるにつれて、自分を決める詳細な情報が、ＤＮＡの中に次々に見つかっている事実を知るたび、「結局、ＤＮＡで決まっているんだ。夢も希望もないや」となるかと思いきや、そういう気持ちには不思議とならないことに気づきました。それは一体なぜなのか。

その理由のひとつが、「気づかざる個性」というキーワードなのではないかと思います。ゲノム研究が明らかにしている重要なことのひとつが、私たちのゲノムの仕組みは、人知を超えている。自分の中に眠っているＤＮＡの働きは、まだほとんどわからないという事実です。私たちのゲノムの中に、膨大な未知の領域がある。だからこそ、自分の中に漠然と、未知なる可能性のようなものを感じられるのではないでしょうか。

番組収録のとき、タモリさんが自分には「加齢臭がない。赤ちゃんみたいないい匂いがすると言われたことがある。これは〝トレジャーＤＮＡ〟のおかげではないか」と言ってスタジオを沸かせていました。

私のごく身近にも、「風邪をひいたことがないという人」や、「肩こりを感じたことがない人」「いくらゲームをしても目が悪くならない人」がいますが、体を守る何らかの〝トレジャーDNA〟を持っている可能性は十分あります。きっと誰しもが、密かな取り柄や自分でも気づいていない特長を生み出す〝トレジャーDNA〟を、膨大なゲノムの中に持っているに違いないのです。

そんな自分のDNAに眠る「未知なる可能性」を、ただの感覚的なものとしてではなく、科学的に確かなものとして感じられる話を、次の章でご紹介したいと思います。

DNAに眠る「気づかざる個性」「未知なる可能性」こそが、私たち人類を進化させている、という話です。

ヒトは今も、進化しているのか。答えは、イエスです。ヒトは、サルからヒトになった後も、ずっと進化し続けています。およそ20万年前にホモ・サピエンスになってから、大なり小なりのさまざまな進化を遂げてきているのです。その進化の原動力が、名もなき誰かのDNAの中に眠っていた「気づかざる個性」だったのです。人類が現在進行形で進化している、その現場を目撃しに行きましょう。

第4章　人類を進化させる〝トレジャーDNA〟

海の民バジャウ　驚異の潜水能力

人はこの地球上で、類いまれな環境適応力を発揮し、4000mを超える高地から、北極圏に至る極限環境まで拡散することができました。人類のその驚くべき繁栄は、他でもない、DNAの98％の領域によってもたらされたものであることが、新たにわかってきました。

そして、そうした人類の進化を後押ししたのは、あなたの中にも眠っている、「気づかざる能力や才能」かもしれない。この章でご紹介するのは、そんなスケールの大きな、でもあなた自身のDNAにも関係する物語です。

その驚きの仕組みを明らかにするために、まず私たちが訪ねたのは、インドネシア・スラウェシ島近くの珊瑚礁の美しい海。人類が、現在進行形で進化していることを教えてくれる場所です。

ここに、まったく陸には上がらず、数世紀にわたり、代々海の上で暮らしている人たちがいます。海の民バジャウと呼ばれる人たちです。私たちも訪ねてみてびっくり。陸から隔絶された海の上に、竹を組んで作られた家が建ち並び、集落が作られています（口絵Ⅴページ上の写真）。

そんな海に暮らすバジャウの人たちは、世界に類のない、驚異の潜水能力の持ち主です。もっぱら素潜りで漁をしている彼ら。潜れる時間は、なんと10分以上。深さは、水深70mにもおよぶと言われています。魚やタコをやりで突き、甲殻類やナマコを集めるなど、働いている時間の、なんと6割をも水中に潜ってすごしています（口絵Ⅴページ下の写真）。

一体、彼らのDNAには、どんな秘密が隠されているのでしょうか？

その謎を解明したのが、アメリカ・カリフォルニア大学バークレー校のラスムス・ニールセン教授が率いる研究チームです。

教授に会うためサンフランシスコにある研究室を訪ねたのは、シエラネバダ山脈のふもとパラダイスで発生した大規模な山火事が一帯を襲った直後でした。インドネシアの青く澄み渡った空と海の世界からは一転。「キャンプ・ファイア」と名付けられたその山火事の影響で、約320km も南のサンフランシスコもひどい煙に覆われ、その名のとおり、キャンプ・ファイアをしているような匂いが立ち込めていました。健康被害に関する警告も出されたため、すべての公立学校が休校となり、名物のケーブルカーも姿を消していました。

そうした中でも、ニールセン教授は私たちを歓待してくれました。

「大変な中、よく来てくれました。今日は大学も休講だから静かです。娘の学校も休みになりましたよ」

カジュアルなチェックのシャツを着たニールセン教授は、人類の最近の進化の謎を、遺伝学的アプローチで解き明かす研究で、世界を代表するトップランナーです。最新の成果である、バジャウの研究についてインタビューを始めると、核心から語り始めました。

「私たちは、バジャウの人たちのあのすばらしい潜水能力の秘密は、彼らがＤＮＡの98％の領域の中に持つ特別な変異にあることを突き止めました」

環境に合わせてDNAが「新たな能力」をもたらす

ニールセン教授らが調べたのは、40人以上のバジャウの人々のDNAです。そして、彼らの98％の領域の中に、「ある臓器を大きくするDNA」が潜んでいることを明らかにしました。その臓器とは、「脾臓」です。あまり聞き慣れないですよね。脾臓は、酸素を運ぶ赤血球をはじめ、さまざまな血液成分の貯蔵庫で、極度の酸素不足になったときなどに、体中へ酸素を送り出してくれると考えられています。

この研究チームは、バジャウの村にポータブル超音波機器を持ち込み、バジャウの人たちの脾臓の大きさを計測しました。そして、近隣の村に住む、潜水をしないサルアン族（バジャウ族とは血縁関係のない人たち）の脾臓の大きさと比較すると、バジャウの脾臓は、平均1・5倍も大きいことがわかりました。

「実際にバジャウの人たちの脾臓のサイズが大きいことがわかって、私たちは大変驚きました。これまでも、ある種のアザラシの脾臓が大きいことはわかっていました。深い海に潜ることに適応しているアザラシです。しかし、同じことが潜水を主とした生活に適応した人たちに言えるとは、思いもよりませんでした。そして、バジャウの人たちに、深海に潜るアザラシと同じように大きな脾臓をもたらしたものこそ、DNAの98％の領域に生じた突然変異だったのです」

バジャウが持つ脾臓を大きくするDNAの変異は、脾臓の成長を促す物質を作るのに関連していて、バジャウの人たちは、その物質を大量に作り出せるDNAを持っているため、脾臓が大きくなったのではないか、と考えられています。

猛毒ヒ素を解毒できる人たち

DNAの98％に生じた突然変異がもたらした驚くべき能力を、もうひとつご紹介しましょう。

訪ねたのは、チリ・アンデス地方。北部の町アリカから車で2時間、カマロネス渓谷付近の村に、その驚異的な能力を持つ人たちがいます。

この地域の特徴は、水です。湧き出す水には、なんと猛毒のヒ素が、WHO（世界保健機関）が定める安全基準の100～1000倍も含まれています。そして村の人たちは、数千年にわたって高濃度のヒ素に汚染された水を飲んできたことがわかっています（81ページの写真）。

チリ・アンデス地方にある猛毒のヒ素を含む湧き水。これが付近の住民たちの飲み水だった。

タラパカ大学生物考古学研究所所長のベルナルド・アリアサ教授は、数千年前からこの地に暮らしていた人のミイラを詳細に解析し、その人々がみな若くしてヒ素中毒で命を落としていたことを明らかにしました。

「当時の人々はかなり深刻なヒ素中毒に冒されていたことがわかりました。胎児や新生児の死亡率も相当高かったようです」

ところが、驚くことに、今この地域に住んでいる人々は、ヒ素が含まれる水を飲んでも平気だというのです。

村で生まれ育ったワイタさんも、ここの湧き水を飲んで暮らしてきました。

「私はここの水を飲んできました。でも体に影響が出たことはないですよ」

村でレストランを経営するリナーレスさん

も、同様に、高濃度のヒ素が含まれていることを知りながら飲んでいたと、平気な顔で語ります。

「私は生まれてからずっと川や水路の水を飲んできました。でも、私に健康上の問題はないわよ。兄弟たちもみんなそうです」

（現在は、タラパカ大学などによって安全な飲用水が配給されており、ヒ素を含む地下水を飲むことは禁止されています。）

　このカマロネス村の人たちのＤＮＡを調べたのは、チリ大学医学部で人類遺伝学が専門のマウリシオ・モラガ教授です。

「これほど高濃度のヒ素を摂取して生存できるとは、医学の常識からかけ離れています。人間がこのレベルのヒ素に耐性を持ち、生き残っていること自体驚きです。そして、さらに驚いたことに、こうしたヒ素耐性をもたらす進化が、ＤＮＡの98％に生じた変異によってもたらされていたのです」

　モラガ教授らが村人たちのＤＮＡを詳細に解析したところ、彼らのゲノム上の遺伝子部分の1ヵ所と、98％の部分の3ヵ所に、ヒ素を解毒する力を高めるＤＮＡが見つかりました。またしても、特殊な能力の進化において、ＤＮＡの98％に生じた変異がカギを握っていたのです。

世界各地で環境に適応したスゴイ人々

バジャウのＤＮＡを解析した、カリフォルニア大学のニールセン教授は、他にも、世界中の驚異的な身体能力を持つ人たちのＤＮＡを解析し、人類進化の謎を次々に解明しています。

標高４０００ｍを超えるチベットに暮らす人たちは、酸素が40％も少ない中で、活発に暮らしています。彼らは酸素不足に適応し、血液中の酸素を運ぶヘモグロビンの量を調整するＤＮＡを持っていることがわかりました。

極寒の北極圏で暮らすイヌイットたちは、植物がほとんど育たない土地で、アザラシや魚など、極端な動物食だけで生きられるよう、高脂肪食から血管の炎症を守るＤＮＡを手に入れています。

生物の進化においては、遺伝子の突然変異が重要な役割を果たしていることはよく知られていましたが、ニールセン教授らの研究は、遺伝子以外の未知の領域、ＤＮＡの98％の部分こそ、最近の人類の進化に欠かせなかったことを明らかにしたのです。

「標高の高い場所に住むチベット人、グリーンランドの先住民イヌイット、そしてインドネシアのバジャウ族。この3つのケースすべてで、彼らが極めて迅速に新しい環境に適応することができたのは、DNAの98％の領域における変化のおかげだったことがわかりました。人類の最近の進化を見た場合、ほとんどのケースで、私たちに変化をもたらしているのは、2％の遺伝子ではなく98％の部分に生じた突然変異なのです。98％の領域には数多くのDNAのバリエーションがあります。急に新たな環境に適応しなければならなくなった場合、そこが自然選択が働きかけることのできる基盤なのです」

私たち人類は、多くの場合、遺伝子自体を変えるのではなく、遺伝子の働きをコントロールする98％の側のDNAを作り替えることで、性質を少しずつ変化させ、新たな能力を獲得し、さまざまな環境に適応してきたことがわかったのです。

しかし、こうした特別な能力や人類進化の話を聞くと、「世の中にはスゴイ能力を持つ人がいるもんだなぁ、でもそんな特別なDNA、自分は持っていないし、進化なんて自分とは直接関係ない」と思いますよね。私も最初は、こうした進化のストーリーは自分とは関係のない話、バジャウやイヌイットのようなどこかの特殊な環境で暮らす人たちだけに関係する話だと思っていました。

ところが、そうではないんです。今回の取材を通して、こうした特別なDNAを持つ人は、実は自分たちのすぐ隣にいるかもしれない、ということに気づかされました。98％に生じる〝トレジャーDNA〟とも言える、人並み外れた能力をもたらすDNAは、あなたの中にも眠っているかもしれないという話を、いよいよ次にご紹介します。

DNA研究の先進国アイスランドで驚きの報告

優れた才能や能力は、あなたのDNAの中に眠っているかもしれない。その驚きの真実を明らかにした研究が、アイスランドで行われました。アイスランドは、世界に先駆けて、1990年代後半から医療の進歩を目的に、国民のDNAの採取に取り組んだ、DNA研究の先進国です。

そんな先進的なプロジェクトを率いたのが、カーリ・ステファンソン教授です（87ページ上の写真）。アメリカ・ハーバード大学の教授などを歴任したのち、祖国アイスランドに戻ってゲノムプロジェクトを始動し、数々の成果を発表してきた、DNA研究の世界的権威です。アイスランドの医療環境の向上にも多大な貢献をした彼は、国民にもよく知られた存在です。町の中で言葉を交わしたタクシーの運転手やレストランの店員も、彼のことを知っていました。

そんなステファンソン教授のインタビューは、私たちにとって少々思い出深いものとなりました。教授の広報担当者ソーラさんからは、事前に「カーリはちょっと気難しいところがあるのよ」と教えられていました。

インタビュー当日、のっしのっしとゆっくり歩きながら現れたその人は、大柄な体格も手伝って独特の威圧感をまとっていました。照明のセッティングなどを終えて待っていた私たちには一瞥もくれず、ソーラさんのほうへ歩み寄り、「今日が取材の日だったか？」と、不機嫌そうな面持ちで尋ねていました。どうやら、予定をすっかり忘れていた様子でした。

私たちは、恐縮しながらも空気が少しでも和めばと、笑顔でひとりずつ挨拶を交わそうとするも、ステファンソン教授は、「前置きはいいから、時間がないので急いで始めよう」と少々強ばった面持ちで用意していた席に座りました。

同行したベテランコーディネーター上出麻由さんも、のちに「初めて味わった」と振り返るほどのかつてない緊張感の中で、インタビューが始まりました。

私たちは、さっそく最新の研究結果や、ゲノムから明らかになる人類の多様性の進化の意義を、次々にテンポよく尋ねていきました。

すると、彼の表情が急に柔らかくなったのです。

70個の突然変異が誰にもあると世界的な大発見をしたカーリ・ステファンソン教授。

20年もの歳月をかけアイスランド国民の半数以上のDNAは集められた。

「あなたの質問は実にすばらしい。本当によく勉強されたようですね」

ビクビクと緊張しっぱなしだったコーディネーターの上出さんは、この予想外のコメントに、どんなふうに笑ったらいいのかわからないというような表情で、撮影クルーを振り返り「ものすごく褒めてくれています」と言うのが精一杯で、優しい顔になったステファンソン教授に、サンキューとくり返していました。

さて、そんな世界的権威の研究から明らかになった、肝心の成果をご紹介しましょう。ステファンソン教授らは、20年もの歳月をかけ、アイスランド国民の半数以上のDNAを集めました（87ページ下の写真）。そして、その中の数千組の親子の全DNAを一挙に解読することで、驚くべき事実を発見したのです。それは、ヒトの「突然変異率＝両親から子への1世代のあいだにDNAに生じる突然変異の数」に関する画期的な発見です。

誰もが持っている70個の突然変異

「私たちは生まれるとき、父親と母親から半分ずつのDNAをもらうだけではありません。そこへ必ず、およそ70個の新たな突然変異が生じることがわかったのです」

そう、私たちは誰もが、平均70個の新たな突然変異を持って生まれている、というのです。ここでいう突然変異とは、父親と母親から子どもが生まれるときに生じるDNAの変異のことであり、主に生殖細胞（精子と卵子）を作る際に生じる、いわばDNAのコピーミスです。

「私たちは、子どもに突然変異が生じるのは何か特別なことだと考える傾向にあります。ごくまれに起こる不運な出来事のように考えているのです。しかし、私たちは誰もが多くの突然変異を、つまり両親には見られない突然変異を持って生まれてくるのです」

受精の瞬間、父親のDNAと母親のDNAが混じり合います。このとき、いわゆる「突然変異」によって、父親にも母親にもないDNAが、時として生じることはこれまでもわかっていました。

ステファンソン教授らの最新の研究では、人はすべて、誰もが、平均70個の突然変異を生まれ持ち、そのほとんどが98％の部分で起きていることが突き止められたのです。わずか1世代で起こるこの変異には、「両親にない新たな能力」をもたらす可能性があります。

あのバジャウの潜水能力の場合も、きっかけは、過去、誰かが生まれるときに偶然生じたDNAの変異でした。突然変異がもたらした脾臓を大きくするという特徴は、次の世代に受け継がれたとしても、もし陸上生活だけを続けていれば宝の持ち腐れだったかもしれません。ところが、海に潜る暮らしをし始めたとき、そのＤＮＡを持つ人は持たない人に比べ生存が有利になり、一気に子孫を増やした。その結果、バジャウの多くがこのＤＮＡを持つようになった、と考えられます。

そして、最近の日本人のバイオバンクデータを参照してみたところ、この脾臓を大きくすると考えられるＤＮＡの変異を持つ人は、日本人の中にもおよそ１％程度はいると推定されることがわかりました。

しかし、その全員が、自分はそんなＤＮＡの特別な変異、〝トレジャーＤＮＡ〟を持っていることには気づいていません。バジャウにとっては、海の幸を大量に捕まえるのに重要な、まさに宝のようなＤＮＡですが、普通に暮らしていたらまったく役に立たないＤＮＡです（ひょっとすると水泳競技者やフリーダイバーとして、その類いまれな能力をいかんなく発揮している人もいるかもしれません）。

そう考えると、私たちの中には「気づかざる個性」、知られざる働きを持った〝トレジャーＤＮＡ〟が眠っている可能性があることに、改めて気づかされます。

自然選択による「進化」とは、「突然変異」と「淘汰」というふたつのステップで起こります。突然変異によってさまざまなＤＮＡのバリエーションが生じることがステップ１、そこへ環境の変化が選択圧としてかかることで、時間をかけ集団内で淘汰が起こることがステップ2です。

淘汰には何世代もかかりますが、人類の誰かに新たな能力の芽が宿るのは、私たちひとりひとりが生まれる瞬間、70個の突然変異が生じるそのときです。つまり、あなたの中には、あなたの祖先の誰かの中に生じた変異も含め、人類の新たな能力が眠っている可能性があるのです。

突然変異がなくなれば人類は絶滅する

DNAの98%に毎世代生じる「突然変異」。つまり、私たちは誰もがおよそ20万年前のホモ・サピエンス誕生以来、変異、変異の膨大な積み重ねの末に生まれてきた「変異だらけの人間」です。それゆえに、人類には驚くべき多様性が生まれているのです。ステファンソン教授が、DNAの多様性の意義を熱を込めて語っていたのが印象に残っています。

「DNAがもたらす、多様性を大切にすべきです。多様性ゆえに私とあなたは異なっているのです。多様性とは、私たちが来るべき災害に備えられるように、自然が与えてくれたひとつの手段のように思われます。ヒトという種が、絶え間なく変化する環境に可能な限り適応できるようにするメカニズムでもあるのです」

この突然変異は、時として種の進化に貢献している場合もありますが、逆に、さまざまな疾患の原因となることも少なくありません。ならば、突然変異というコピーミスなどないほうが、安定した種を保つことができるのでしょうか。もちろん、答えはノーです。

「もし魔法の杖があって、悪い病気を引き起こす突然変異をなくすことができるとしたら、突然変異の生じる仕組みをなくすことができるとしたら、人類はたちまち絶滅してしまうでしょう。それは、人類の進化を止めることになるからです。この突然変異は、どんなことがあっても人類がひとつの種として生き残れるようにするためのものです。その結果として、私たちはそれぞれが唯一無二の存在となっているのです。つまり、毎世代生じる突然変異こそが、人類のエボルバビリティ、進化可能性の基盤を作っているのです」

私たちの多様性を維持するために欠かせない70個の突然変異ですが、もしこれが、私たちの生命の基盤を作る遺伝子（DNAの2%の部分）に頻繁に生じてしまったら、それもまた、人類が進化することは難しいと、カリフォルニア大学のニールセン教授は考えています。

「確かなことはわからないのですが、この98%の非コード領域（タンパク質に変換されない領域）で起こる突然変異が、適応を助ける変異、利益をもたらす変異である可能性が高い、と私たちは考えています。もし遺伝子の部分に突然変異が起こった場合、それは十中

八九、体にマイナスの影響をもたらすでしょう。実際のゲノム解読による結果を見ると、ゲノムの非コード領域で突然変異が起こる可能性、有益な突然変異が起こる可能性のほうがずっと高いのです」

ここに、私たち人類が、一見ムダとも思える98％を占める膨大な領域をゲノムに抱え持っていることの最大の意義があります。もし仮に、私たちが、必要最小限のゲノム、生命の基盤を作る遺伝子（ＤＮＡの２％の部分）しか持っていなければ、私たちは、進化の袋小路に入ってしまいます。生きていくうえで欠かせないさまざまな機能を持つ遺伝子にたくさんの変異が生じてしまうと、大切な機能が失われ、多くの場合、生存することができなくなります。

ＤＮＡの98％の領域があるおかげで、多少のエラーが生じても問題なく生きられる。98％の領域に変異が生じる仕組みによって、おおよそ健康体を維持しながら、さまざまな個性を持つ人間が誕生し続けることで、環境の変化が起こっても、私たち人類は存続してきたのです。これまで感染症など、人類を襲った危機を乗り越え種として生き長らえてきたのは、間違いなく、誰かがその危機に対する気づかざる耐性を持ち合わせていたからでしょう。

私たち人類の多様性をもたらす突然変異は、確かに突然に偶然生じる変異ですが、「必ず生じる欠かせないもの」という意味では「必然変異」と呼ぶほうがふさわしいのではないかとすら思います。

きっとあなたの周りにも「暑さに異常に強い人」や「寒さに異常に強い人」「よっぽどでない限りお腹をこわさない人」「感染症にかかりにくい人」などがいることでしょう。もしかしたら先祖を含めたどこかの時点で生じた70個の突然変異が、その人に特別な性質を授けたのかもしれません。そしてそれは、将来人類を大規模な気候変動や災難が襲ったときの「サバイバー（生存者）」へとつながる〝トレジャーDNA〟である可能性もあります。

ステファンソン教授は、DNAの神秘の仕組みがもたらす多様性こそが、宝だと話してくれました。

「今後5年から10年で、人類の非コード領域の多様性と突然変異について、驚くほど多くの発見がなされると、私は予想しています。それはこれからの医学を変えていくでしょう」

ゲノムの多様性の価値は、近年急速に注目を集め始めています。新たな研究アプローチによって、実際に、誰かの命を救う、本当の宝のような価値を持ち始めているというのが、第1部の最後にご紹介するストーリーです。

第5章 あなたの個性が世界を救う⁉ ヒーローDNA

ヒーローDNAを探すプロジェクト

私たちのDNAは、本当にオンリーワン。これまで地球上に誕生した誰とも違う、唯一無二のDNAを授かっていることがおわかりいただけたかと思います。そんなひとりひとりが持って生まれた、あなただけのDNA。それが、世界の誰かの命を救うかもしれない。と言われたら、どう思いますか？

今、私たちひとりひとりのDNAの中から、「ヒーローDNA」とも言うべき「病気にならない特別なDNA」を探すプロジェクトが始まっています。

プロジェクトを率いるのは、イギリス・オックスフォード大学のスティーブン・フレンド教授です。取材のため初めてフレンド教授に会ったのは、アメリカ・シアトルでした。

臨床医師でもあるフレンド教授は、以前は、ハーバード大学医学部やマサチューセッツ総合病院にいましたが、その後、いち早く「オープンサイエンス」の手法を取り入れ、個人の医療データを安全に管理し、健康の向上や医学の進歩に役立てることを目的とした、非営利の生物医学研究所を設立していました。

撮影のため2度目にお会いしたのは、その1週間前に客員教授としてオックスフォード大学へ赴任し、初めてのイギリス暮らしをスタートさせたばかりのときでした。フレンド教授は、段ボールだらけの研究室はまだお見せできるような状態ではありませんよ、と、隣の会議室で、自身が立ち上げた壮大なプロジェクトについて語ってくれました。

フレンド教授は今、世界中の研究機関に蓄積されている、数十万人のDNAデータを集め、「病気にならない、特別なDNA」を持つ人を探し出そうとしています。

「私たち研究者は今まで、病気の原因となる遺伝子の変異ばかり探していました。でも、病気と関連している遺伝子を特定したからといって、患者さんを健康にする方法には結びつかないのです。そこで、私は根本的に問い直したのです。本当は、病気にならない人が、病気にならない理由をもっと研究するべきなのではないかと」

フレンド教授のこの発想は、まさに目から鱗《うろこ》の新しい研究アプローチです。これまでの遺伝学研究では、病気の原因となる遺伝子の変異を探すアプローチが中心でした。ところが、実際のところほとんどの病では、その変異を持っていても、全員が発症するわけではありません。それに加えて、環境の影響も加わると、病気の原因となるＤＮＡの変異ひとつひとつには、それほど意味がないことも少なくないのです。

「臨床医をしていた経験から、病気の遺伝子を特定したからといって、それがなかなか患者さんを助けることにつながらないことに、大きなフラストレーションを感じていました。患者さんに『あなたの病気の原因はこれですよ』と伝えることができても、『こうしたら、その病気は治せます』と言えないという現実がありました。私は心の奥底で、医師として落第だという気持ちがありました。新しい治療法の開発に何十億ドルもの資金が投下されているのに、何の成果も得られなかったのですから」

そこで、フレンド教授は、病気の人たちだけに注目するのではなく、病気にならない人が、病気にならない理由に注目すべきではないか。そして、なぜ一部の人たちは健康でいられるのかについて研究すべきではないか、という考えに至りました。健康を維持し続けている人の中に、「病気にならないＤＮＡの変異」「病気から体を守ってくれるＤＮＡの変異」があるのではないか、と注目しているのです。第2章に登場した長寿遺伝子研究のバージライ教授がたどり着いたのと、まさに同じ着眼です。

「難病が遺伝してしまう家族を救いたい」

フレンド教授のこのプロジェクトは、病気にレジリエンス（抵抗力）がある人を探す、という意味で、「レジリエンス・プロジェクト」と名付けられています。レジリエンスがある人のＤＮＡの働きがわかれば、病を抑え込む新たなメカニズムの解明につながり、病に苦しむ多くの人の命を救うことにつながる可能性があります。フレンド教授は、こうした気づかざるＤＮＡの宝の持ち主のことを、「知られざるヒーローＤＮＡの持ち主(unrecognized genetic superhero)」と呼んでいます。

「たとえば、高レベルのＨＩＶ（エイズウイルス）にさらされても決してエイズを発症しない人たちがいることがわかっています。でも、彼らは、自分が特別なＤＮＡを持っていることには、まったく気がついていません。私は、そんな、本人さえ気づいていない、スーパーヒーローを見つけたいと思っています」

「レジリエンス・プロジェクト」には、生まれながらの難病に苦しむ人々を救いたいというフレンド教授の個人的な体験が大きな動機になっていました。

「私の心をいちばん深く突き動かしたのは、フィラデルフィアの小児病院で働いていたときの経験です。ひとりの父親と彼の息子が診察室にやってきました。私はその子の左目を診ていましたが、やがて、父親の左目も悪いことがわかりました。ふたりとも、目に非常にまれな腫瘍ができていることがわかりました。この親子を診察しながら、悲しみと、困難な治療を行わなければならないという辛さが押し寄せ、またわが子に生まれながらに、自分と同じ病気を経験させてしまうことになった父親の気持ちを思いやると、DNAの問題に取り組む強い決意が生まれました。レジリエンス・プロジェクトは、遺伝子を特定するだけでなく、患者さん、子どもたち、子どもたちの親を助けるため何かできないか？という思いが大きな動機になっています」

糖尿病の創薬につながったヒーローDNA

実際、病気にならないある特別なDNAの変異によって、世界中の多くの人が救われている例があります。

私たちは、そんなヒーローDNAとも言うべき特別なDNAの持ち主に会うためポルトガルを訪ねました。紹介してくれたのは、リスボン新大学医学部のジュアキム・カラド教授です。カラド教授は、遺伝性腎疾患の臨床医として、特殊なＤＮＡの持ち主を対象に研究を行っていました。その中のひとりが、パウラさんという女性でした（１０１ページ上の写真）。

パウラさんは、「一般的な糖尿病にはならないＤＮＡ」の持ち主だというのです。カラド教授は、パウラさんの特性を、ポルトガルの代表的なお菓子にたとえて、こんなふうに紹介してくれました。

「ポルトガルの代表的なお菓子に、パステル・デ・ナタというものがあります。パウラさんが１日に排出するブドウ糖の量はこのお菓子４個分に匹敵します。信じられますか？」

パステル・デ・ナタとは、日本でもエッグ・タルトと呼ばれ人気のあるカスタードクリーム入りタルトです。パウラさんは、このエッグ・タルト４個分ものブドウ糖を、尿として排出する特殊な体質の持ち主だというのです。カラド教授によると、パウラさんのようなＤＮＡを持つのは、おそらく数億人にひとり。私たちは、カラド教授の案内で、そのパウラさんと会えることになりました。

首都リスボンの中心部から車で20分。待ち合わせをしていた公園に、パウラさんが夫と一緒にやってきました。パウラさんは、自分が取材を受けることを不思議がり、恥ずかしそうにしていました。

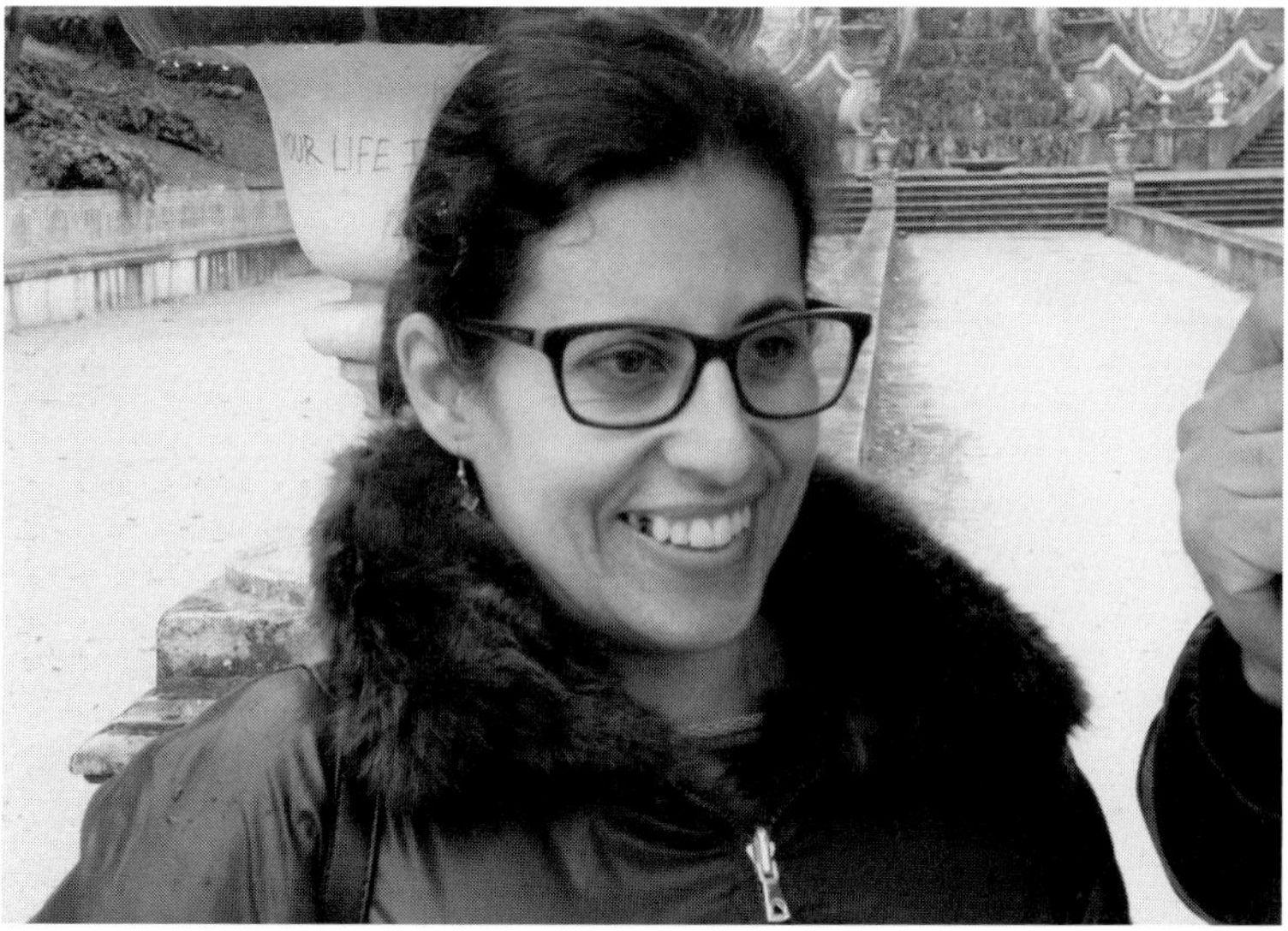

パウラさんのようなスーパーDNAが4億人以上いる糖尿病患者を救う創薬のきっかけに。

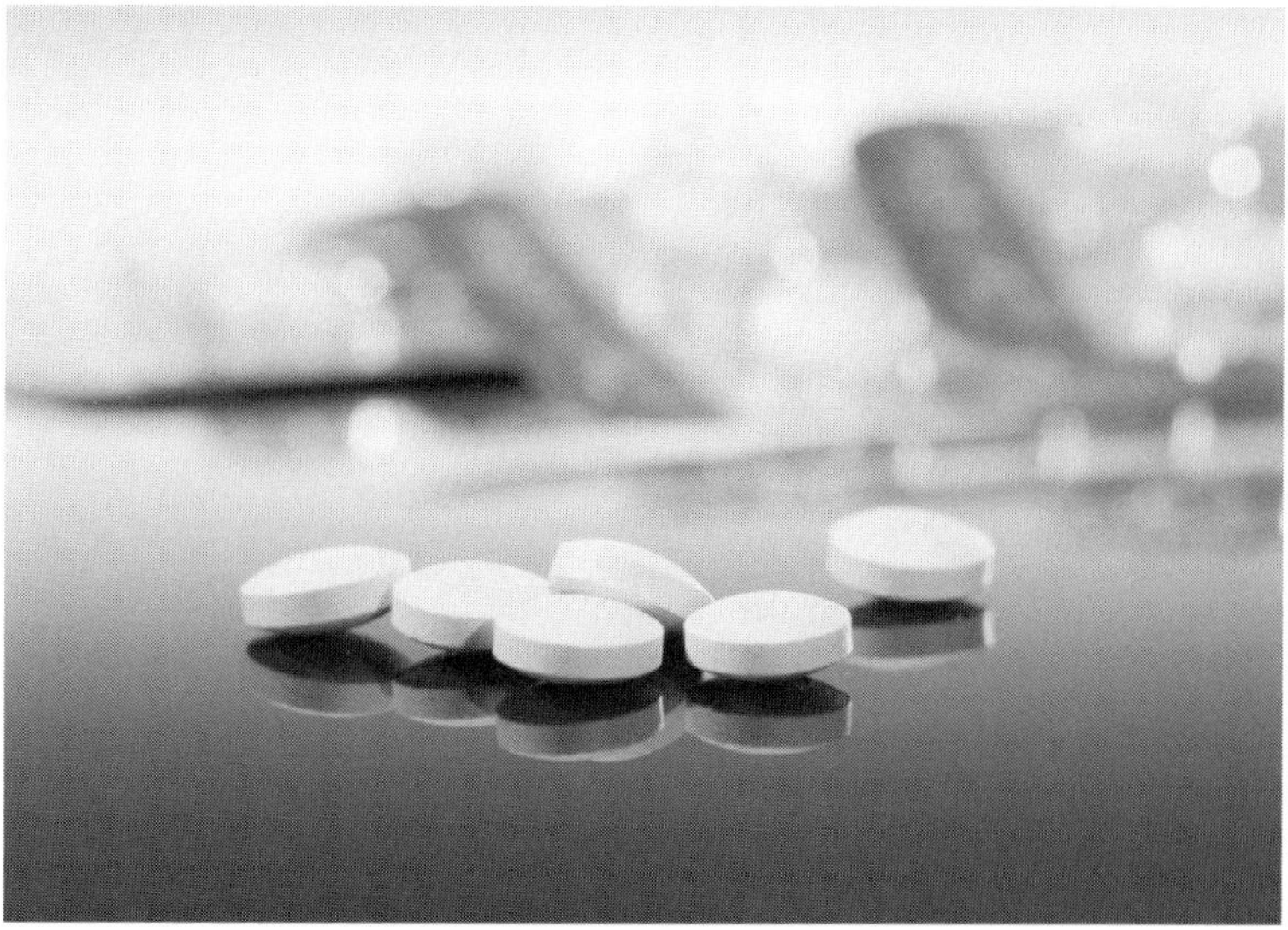

糖をため込む物質の働きを抑える画期的な治療薬「SGLT2阻害薬」が生まれた。

「なぜ私みたいな普通の主婦が、日本のテレビ局の取材なんて受けるのかしら」

ふたりの子どもを持つパウラさんは、見たところ特別なＤＮＡの持ち主とはわかりようもない、いたって普通の女性です。それが、世界に4億人以上いると言われる糖尿病患者を救う可能性を秘めたヒーローＤＮＡの持ち主であるとは、一体どういうことでしょうか。


私たちの体には、糖を体内にため込む働きをする物質があります。そのひとつが、ＳＧＬＴ2という物質です。これまで、エネルギーを蓄えるために欠かせないものと考えられてきました。ところが、パウラさんはＳＧＬＴ2をほとんど作らない、極めてめずらしい遺伝子の持ち主でした。そのため、いち早く糖を体の外に排出します。

カラド教授によると、パウラさんは、1日に約90〜１００ｇの糖を尿として排出しているそうです。一般的な糖尿病にはならない、と紹介したので、話は少しややこしいのですが、パウラさんのように、糖を尿にどんどんと排出してしまう特殊な体質には、「遺伝性腎性糖尿」という疾患名がついています。

しかし、パウラさんは健康上まったく問題がありません。糖を体外にどんどん排出してしまうので、尿中の糖の値は当然高くなりますが、血液中の糖の値、血糖値は正常。つまり、血液中の糖が増えすぎることで起こる、通常の糖尿病にはなりにくい体質というわけです。

科学者たちは、パウラさんと同じような極めてめずらしいDNAの持ち主たちに注目し、2000年代から研究を行ってきました。彼らの存在は、①SGLT2という物質の働きがないと、糖が尿として排出され、血液中の糖が低く抑えられること。そして、②この物質がなくても健康に生きられることを、教えてくれたのです。

そこで大学の研究機関や製薬会社の研究者たちは、SGLT2の働きを抑える薬ができれば、世界中の糖尿病患者の治療に使えるのではないかと期待し、新しい仕組みの薬の開発に取り組みました。

そして、ついに2012年、糖をため込む物質SGLT2の働きを抑える画期的な治療薬、「SGLT2阻害薬」が生まれました（101ページ下の写真）。複数の大規模臨床試験で、血糖値降下（HbA1C降下）の効果が認められ、薬は現在、世界90ヵ国以上で認可されています（2019年4月現在）。心血管疾患リスクを低下させる効果も期待され、注目されています。

この薬は、日本でも2014年に承認され、多くの患者さんの血糖コントロールに威力を発揮しています。

番組でお話をうかがった、20年以上糖尿病に苦しんできた女性は、これまでさまざまな薬を試しましたが血糖値が思うように下がらず、心筋梗塞などの合併症の恐怖を抱えていました。しかし、ＳＧＬＴ２阻害薬を使うようになってから、血糖の値がみるみる降下。一時期は９を超えた危険なレベルだったＨｂＡ１Ｃも、正常範囲の６・１まで下がりました。

体重もピーク時と比べて20kg減というダイエットに成功。適正体重が維持できるようになりました（糖尿病治療は、その方の症状にあわせて多くの処方薬の中から選択されます。ＳＧＬＴ２阻害薬が、すべての患者さんに最適かどうかはわかりません。現在治療中の方は、必ず担当の医師とご相談ください）。

パウラさんは、こうして世界に広がった創薬の経緯を今回の取材で初めて聞いて、驚いていました。自分は、たまたまカラド教授の研究対象になったことで、人とは違う遺伝的体質であることは知っていたが、そうした研究から世界中の人を救うような薬が誕生しているとは夢にも思っていなかったと、パウラさんは、照れ臭そうに笑って話してくれました。

「まさか自分が誰かを救えるような存在だなんて、思っていませんでした。生まれてきたことに、特別な満足を感じています」

エイズや心臓病にならない人の発見がきっかけに

病気にならないDNAの持ち主を探す「レジリエンス・プロジェクト」を率いる、スティーブン・フレンド教授がよく引用する例がほかにふたつあります。それは、エイズにならない人と、心臓病にならない人です。

エイズ（後天性免疫不全症候群）は、ヒト免疫不全ウイルス（HIV）が免疫細胞に感染し、免疫細胞を破壊して後天的に免疫不全を起こす疾患です。では、エイズにならないDNAの持ち主とは、どういうことでしょうか。

発見のきっかけは、高レベルのエイズウイルスにさらされているのに、エイズを発症しない人の存在でした。研究者たちは、これらの人々を集めてその理由を探しました。

エイズウイルスの宿主細胞への感染には、まず細胞内に侵入することが必要であり、エイズウイルスがその最初の段階で利用するひとつに、ケモカイン受容体（CCR5）というものがあります。エイズにならない人は、このCCR5の遺伝子に異常があり、正常なCCR5受容体を作れない人であることがわかりました。そのために、エイズウイルスが増殖できず、エイズを発症しないのだということを突き止めたのです。

その後、このメカニズムを利用し、エイズウイルスとＣＣＲ５との結合を阻害することで、ウイルスの細胞内への侵入を阻害し感染拡大を阻止する、ＣＣＲ５阻害薬が開発され、実用化されています（ちなみに、２０１８年「世界初のゲノム編集ベビー誕生」で世間を騒がせた中国の研究者は、ヒト受精卵へのゲノム編集によって、このＣＣＲ５遺伝子を破壊することで、エイズウイルス感染に抵抗力を持つようにしました）。

もうひとつの心臓病にならないＤＮＡの持ち主は、アメリカ・テキサスで見つかりました。シャーレイン・トレーシーさん（仮名）。テキサス大学が中心となって行った心臓病研究に、被験者として参加したことがきっかけでした。

私たちは今回、研究を行ったヘレン・ホッブス教授とジョナサン・コーエン教授に取材することができました。トレーシーさんがヒーローＤＮＡの持ち主と言われるゆえんは、ＬＤＬコレステロールにあります。血液中の非常に高レベルのＬＤＬコレステロールは、虚血性心疾患（冠動脈疾患）を引き起こすリスクになります。

彼女の場合、その数値は、なんと14㎎／dl（正常値は、１４０㎎／dl未満。多くの人は１００㎎／dl以上の数値です）。信じられないほど低い数値に、医師たちは驚きました。そして、体の隅々まで調べましたが、エアロビクスのインストラクターをしていた当時32

歳の彼女は、健康そのものでした。

その後、ホッブス教授らは、トレーシーさんがPCSK9というタンパク質を作る遺伝子に突然変異を持っていることを突き止めました。肝臓の細胞の表面には、血液中のLDLコレステロールを捕まえて代謝する役割を果たしているLDL受容体があります。トレーシーさんは、特有のDNAの変異のせいで、LDL受容体を分解する物質PCSK9を作る働きがほとんどないことがわかったのです。

そのため、LDL受容体が分解されずに常にたくさんあり、LDLコレステロールを代謝してくれるため、血液中のLDLコレステロール値が低くなっていたのです。このDNAの変異は、研究者のあいだで「トレーシーDNA」と呼ばれました。

彼女のDNAがもたらす驚くべき仕組みがわかってから、世界中の製薬会社が、彼女の体と同じ仕組みの薬を開発しようと躍起になりました。そして、非常に短期間のうちに、薬は誕生。その名もPCSK9阻害薬。2009年には臨床試験が開始され、2016年には2種類の薬剤（エボロクマブ、アリロクマブ）が日本でも承認されています。

生まれつきLDLコレステロールの値が高い、家族性高コレステロール血症の患者をはじめ、重度の高コレステロール血症による心臓病に苦しむ多くの患者を救っています。これも、ヒーローDNAが創薬につながった典型的な成功例のひとつです。PCSK9を作れない体でも、とても健康にすごしているトレーシーさんの存在が、世界を動かし、多くの人たちの命を救うことになったのです。

難病にならないDNAを持つ13人を発見

スティーブン・フレンド教授が率いる「レジリエンス・プロジェクト」は、今、ヒーローDNAの持ち主と思われる人々を、次々に見つけ始めています。フレンド教授は、その最新の成果を見せてくれました。

「ここにリストアップされているのが、ずっと探していた特別なDNAの持ち主たちです」

プロジェクトが最初のターゲットとしたのは、フレンド教授が当初から救う手立てを探し求めていた、「遺伝病」(メンデル遺伝病)です。メンデル遺伝病は、ひとつの遺伝子に変異があるだけで発症は避けられない病気で、単一遺伝子疾患とも呼ばれます。

遺伝病に関しては、これまでに6000以上のメンデル遺伝病が報告されており、これらの疾患の原因として同定された疾患関連変異は15万を超えています。近年の大規模ゲノム研究が、疾患の遺伝的基盤にあるDNA変異を明らかにすることに成功したにもかかわらず、ほとんどの疾患の有効な治療法の開発は依然として困難なままです。

そこでフレンド教授らは、世界中の12の大規模な遺伝学的研究から59万人のＤＮＡデータを解析し、５８４の重篤な小児メンデル遺伝病の原因であると考えられている８７４個の遺伝子における突然変異をスクリーニングしました。

すると、８つの疾患について、なんと遺伝病の原因となる変異を持っているにもかかわらず、発症していない人が合計13人いることが突き止められたのです。この13人は、遺伝病に対する何らかのレジリエンス（抵抗性）を持っていると考えられます。

こうしたレジリエントな人たちについて、詳細はまだ明らかになっていません。しかし、もしかすると彼らは、ＤＮＡの98％の中に、難病の発症を防ぐ、驚くべきＤＮＡを生まれ持っているのかもしれません。

「私は、この研究結果に、一種の美を感じましたよ。非常に重大な遺伝子変異を持つにもかかわらず、病気の原因であるその遺伝子変異を克服した人々がいるわけです。こうした奇跡のようなチャンスが人類に与えられていることに、希望を感じ、幸福な気持ちになりました」

このようなレジリエンスを持った人たちのゲノムの秘密が解明されれば、これまで十分な治療法がなかった難病に対する新規の治療法につながるかもしれません。

ヒーローはあなたかもしれない

フレンド教授は、DNAの98%を含めたすべての領域をつぶさに解析できるようになった今こそ、知られざるヒーローDNAの持ち主たちを見つけ出す大きなチャンスだと考えています。

「今回調べた遺伝性疾患に関して、世界中には、もっと多くのレジリエントな人々がいることは間違いありません。それよりも重要なのは、あらゆる病気について、それを克服している人がいるかもしれないという可能性です。その宝の持ち主は、あなたかもしれません。あなた自身が人類を助けることができる、宝の持ち主かもしれないのです」

「レジリエンス・プロジェクト」が私たちに教えてくれたことは、一見普通の人とまったく変わらないように見えて、あなたの注意を引くこともないようなありきたりの人々の中に、極めて貴重なDNAを持っている人がいる、ということです。遺伝性疾患の研究成果は、まだパイロットにすぎません。もっと多くの病気に対して、それを克服できる特別なDNAを持つ人々がいる可能性があることを、フレンド教授は想像しています。

「私は、私たちひとりひとりがみな、何か特別なものを持っていると信じています」

ゲノムは未知なる可能性の宝庫

ゲノム科学の飛躍的な進歩で、私たちの運命は、より明確にわかってしまうのか？

第1部では、従来のゲノム研究では「ゴミ」だとさえ考えられていたＤＮＡの未知の領域の中に、「宝」のような情報がたくさん眠っているとわかってきたことを中心に、ゲノム解読研究の最前線をお伝えしてきました。

しかし、これでゲノムのすべてが本当にわかりつつあるのか。というと、まだまだそうではありません。むしろ、最先端の研究からわかったことは、私たちのゲノムには、どんな意味があるか把握しきれない未知の領域が、膨大に広がっているということです。

今回取材で出会った、世界をリードする研究者たちは、みな口をそろえて、

「ＤＮＡの未知の領域から、今後、加速度的に宝のような情報が見つかるでしょう」

と、確信を持って語ってくれました。

しかし、印象的だったのは、同時に必ず、

「それでもゲノムの全貌は、まだほとんど理解できていない」

と、あくまで謙虚だったことです。

人体を司るゲノムの圧倒的な神秘の仕組みがわかればわかるほど、その生命の神秘の前に、研究者たちは謙虚にならざるを得ないのです。

オックスフォード大学のスティーブン・フレンド教授は、こう語っています。

「多くの科学者たちは、ゲノムを理解してマスターすれば、あれもこれもできると思っています。でも、レジリエンス・プロジェクトから得られた教訓のひとつは、私たちはまだ何も知らないので謙虚であるべきだということです。私たちは、この遺伝子変異が原因で、これこれしかじかのことが起こるとまでは言えます。でも、そこから一歩下がり、楽観的な態度を少し改めて、より現実的になるべきではないかと感じています。ゲノムに関しては、私たちはまだそれを理解し始めたばかりです。私たちはすべての問題に対する答えを発見するよう期待されていますが、ゲノムは驚くべきシステムであり、その暗号を解くことは簡単ではないことを認めなければなりません」

この言葉は、これから「ゲノムの時代」を迎える世の中への、重要なメッセージだと思います。世の中はこれから、ゲノム情報が大きく幅をきかせる時代になることは間違いありません。しかし、すべてにおいて「遺伝子決定論」が幅をきかせるような世の中になろうとしていたら、それは要注意です。

ゲノムが、人体の仕組みにおいて、最も重要な意味を持つことは間違いありません。ゲノム研究が切り拓く医学の進歩には、私も大きな期待を持っています。しかし、私たちの細胞のひとつひとつに宿るゲノムに、まだまだ科学の理解がおよびそうもない未知なる仕組みが備わっている、ということを忘れてはなりません。

そしてもうひとつ、ひとりひとりが自分ごととして考えたとき、最新のＤＮＡ研究からわかった心に留めておきたい事実は、あなたのゲノムは、自分でも気づいていない無限とも言える可能性の詰まった宝箱のようなものである、ということではないでしょうか。

これから先、あなたがゲノム解析を受けたとき、自分の特徴や体質に関するかなりの数の項目結果を知ることはできますが、それであなたという人間の底が見えてしまう、ということでは決してありません。あなたのゲノムの中には、まだまだ未知なるものがたくさんあります。何しろあなたは、これまで地球上に誕生した誰とも違う、唯一無二のゲノムを授かって生きているのですから。

私たちの命を司る、人知を超えた驚異のシステム、ゲノム。それは、どれだけ科学が進んでも、未知なる可能性が眠っていることに希望を感じることができる神秘のシステムだと言えるのではないでしょうか。

左から、一卵性双生児の兄マーク・ケリーさんと弟のスコットさん。ふたりともNASAの宇宙飛行士。
両者のDNAスイッチを比較する実験で遺伝子の驚異の力が判明した。

第2部

“DNAスイッチ”があなたの運命を変える

末次 徹 ディレクター

科学者への質問「運命は変えられる?」

「シリーズ人体Ⅱ遺伝子」の取材で、世界的な科学者たちに私がくり返し尋ねた質問があります。

「私たちは自分の運命を変えられると思いますか?」

最先端の現場で活躍する科学者たちに、こうした哲学的な質問をぶつけることができる。それに対して科学者たちも、自分の研究に基づいた考えや持論を答えてくれる。

この事実が、遺伝子やDNAの研究が今、いかに人間の本質、つまり「私たちは何者なのか?」という根源的な問いに答える領域にさしかかっているかを、如実に示しています。

その最前線の興奮と、洪水のように押し寄せる新たな知見の一端を、読者のみなさんにもぜひ味わっていただきたいと思います。

「運命」という言葉には、自分では変えられない、逆らいようのない、「神様の決めた定め」という意味合いが含まれています。

実際に辞書には、「人間の意志にかかわりなく、身の上にめぐって来る吉凶禍福」（『広辞苑』）、「幸福や不幸、喜びや悲しみをもたらす超越的な力」（『日本国語大辞典』）などと定義されています。

この「運命」という言葉が持つ決定論的な意味合いは、遺伝子やDNAの持つイメージと、分かちがたく結びつきました。遺伝子の研究が進んで、その重要性が次々と明らかになるにつれ、生まれ持った遺伝子こそがさまざまな能力や性格、体質や病気のなりやすさなどを決めるものであり、「まさに運命を決めるものの正体のひとつ」と考えられるようになったのです。

しかし今、最先端の研究は、その常識、遺伝子に対する固定概念を覆しつつあります。これまでは「生まれ持った遺伝子は死ぬまで不変」であり、だからこそ「運命を決めるもの」と考えられてきましたが、実は遺伝子には「その働きを根本的に変える仕組み」、いわば〝運命を変える仕組み〟があることがわかってきたのです。

その新たな研究領域こそが〝DNAのスイッチ〟、専門的には「エピジェネティクス」と呼ばれる分野です。エピは「上の〜」や「後の〜」という意味を持つ接頭語で、ジェネティクスは「遺伝学」を意味し、日本語では「後成遺伝学」などと訳されます。「後成」

と言われてもピンと来ませんが、「生まれた後にも変化する遺伝子」というような意味です。

なんとDNAにはまるで〝スイッチ〟のような仕組みがあり、その切り替えによって、遺伝子の働きがガラリと変化し、人生そのものまで変わるというのです。

NHKスペシャルでタモリさんとともに司会を務めてくれた、京都大学の山中伸弥教授は、

「20年くらい前は、遺伝子のことさえ全部わかったら、私たちの病気も運命も全部わかるだろうと考えられていました。しかし遺伝子だけでは、病気も、私たちの運命も、まだまだわからない。そこに、〝DNAスイッチ〟という秘密があるということが明らかになってきたのです」と語りました。

このエピジェネティクス＝「従来の遺伝学を超えるもの」は、あなたの日々の生活と密接に結びついて、あなたの人生に多大な影響をおよぼしています。

たとえば、病気。実は私たちは誰もが「病気を防ぐ遺伝子」を持っています。それなのにがんや糖尿病などになってしまう原因のひとつは、そのスイッチがオフになることだとわかってきました。それをオンに戻すことができれば、病気を防いだり、治療できたりする可能性があります。

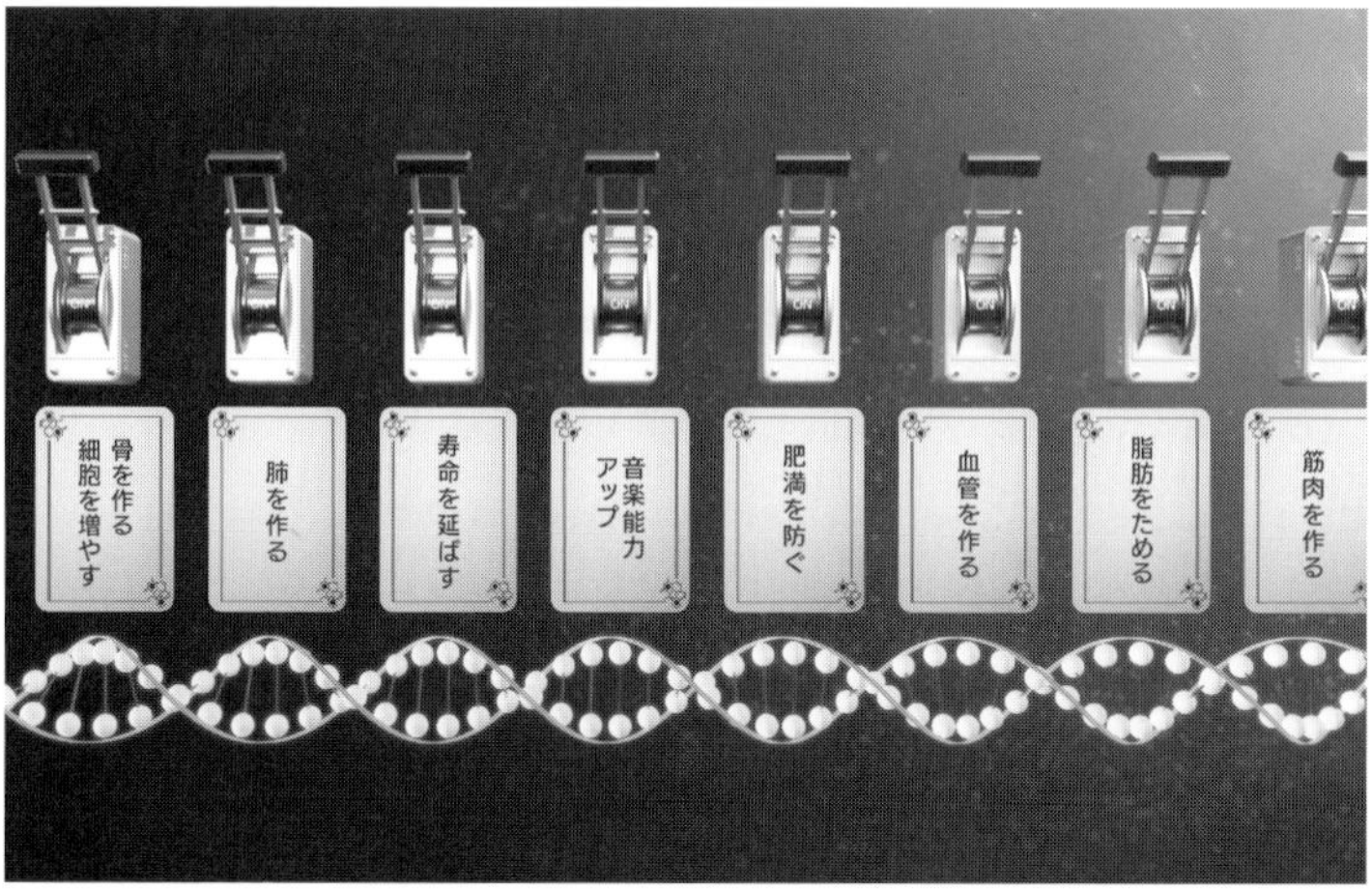

運命の設計図である遺伝子には、運命を変える“スイッチ”が備わっていた。

ほかにも、肥満などの体質を決める遺伝子から、記憶力や持久力、音楽などのさまざまな能力にかかわる遺伝子、若返りや寿命にかかわる遺伝子まで。すべての遺伝子にはスイッチがあり、それを切り替えることによって、遺伝子の働きを大きく変えられる可能性が浮かび上がってきたのです。

さらには、生まれ来るわが子へ、優れたDNAスイッチを引き継ぐために、いわば〝精子をトレーニングする〟という研究まで始まっています。

あなたの体の中にもある、運命を変える〝DNAのスイッチ〟。

その神秘の世界にお連れしましょう。

第1章 なぜ、遺伝子にスイッチがあるのか？

能力や体質、性格にもスイッチがある

まずこの章では、〝DNAスイッチ〟の概要をギュッとまとめてお伝えするとともに、第2章以降のトピックの要点、おいしいところをかいつまんでご紹介します。

遺伝子やDNAの世界に興味はあっても、専門用語が多くて理解しにくく、本などを読んでも挫折してしまうという方は多いと思います。かく言う私も、そのひとりでした。取材を開始して入門書から専門書まで必死に読みあさりましたが、いまひとつ理解しきれませんでした。

その最大の原因は、遺伝子やDNAの世界は、小さすぎて目に見えない「ミクロの世界」の現象だということです（正確には、ミクロよりもさらに小さいナノメートルという

単位、いわば「超ミクロの世界」です）。頭ではわかった気になっても、空想の世界のことのようで、ずっとモヤモヤが残っていました。

撮影を開始して、そのモヤモヤを初めて解消してくれたのが、エピジェネティクスの分野の世界的な研究者である、スペインのマネル・エステラー教授でした。

サグラダ・ファミリアがそびえるバルセロナの中心部から南西へ10㎞、ベルヴィッジ生物医学研究所で、ワンフロアを占める巨大な研究室を率いています。ぜいたくな話ですが、私たちはエステラー教授に、この分野の基礎的なことを実物を見せながら教えてほしいとお願いしました。多忙にもかかわらず、教授はそのリクエストに丁寧に応えてくれました。

そして最初に見たのが、血液に含まれるリンパ球から抽出した「ＤＮＡ」です。それは試験管の溶液の中にふわふわと漂う、白い浮遊物でした。もちろん、有名な「2重らせん」が目に見えるわけではなく、浮いているのはたくさんのＤＮＡが凝縮した塊のようなものです（123ページの写真）。でもそれを目にしたとき、「ああ、本で読んできた世界は実在するんだ」と、強い感動を覚えました。

その「超ミクロの世界」とは、一体どのようなものなのでしょうか。そもそも私たちの体は、およそ40兆個の細胞でできていて、そのひとつひとつの核の中にＤＮＡが入っています。第１部でも説明したように、実は「遺伝子」と呼ばれるのは、そのＤＮＡのうちの２％だけです。それ以外の98％の部分は、ゴミを意味する「ジャンクＤＮＡ」と呼ばれてきました（口絵Ⅲページ上の写真）。

遺伝子には「目を作る」「耳を作る」「心臓を作る」など、体を作るための基本的な設計図が暗号のように記されています（口絵Ⅲページ下の写真）。それを読み取ることによって私たちの体が作られ、維持されているわけですが、遺伝子に書かれている情報はそれだけではありません。

記憶力や持久力、音楽などの能力をアップさせたり、がんや糖尿病などの病気を防いだり……。ひとりひとりの才能や性格、体質や病気のなりやすさなどを決め、まさに私たちの運命を左右する、さまざまな情報が書き込まれているのです。

第１部では、その設計図がどの程度読み取られるかによって、私たちの体質や才能などが決まることをお伝えしました。そして、その読み取りの頻度をコントロールするのが、実は「遺伝子以外のＤＮＡの98％」＝「ジャンクＤＮＡ」と呼ばれてきた領域。それはゴミなどではなく、宝の山が眠る〝トレジャー（宝物）ＤＮＡ〟であり、ひとりひとりの個性や人類の多様性を生み出していることがわかってきた、という話でした。

試験管の中でふわふわと漂っている白い浮遊物は、DNAの凝縮した塊。

一方、今回の話は「遺伝子自体」が主役です。〝運命の設計図〟である遺伝子の働きを、根本から変える仕組み、それこそが〝DNAのスイッチ〟なのです。

たとえば、「音楽能力アップ」にかかわる遺伝子。実は、こうした遺伝子自体は私たち全員が持っています。でも運命を左右するのは、そのスイッチがオンかオフかということなのです（実際には、音楽の能力には多数の遺伝子がかかわっていますし、しかもスイッチにはオンとオフ、1と0のデジタルな状態だけではなく、「少しオン」などの中間の状態も存在します。しかし、それを言い出すと複雑すぎますので、ここではまず基本的な仕組みを理解していただくために、単純化したモデルで説明しています）。

この〝DNAのスイッチ〟という言葉は、専門用語として存在しているわけではありません。冒頭にも書いたように、専門的には「エピジェネティクス（後成遺伝学）」と呼ばれる分野で、遺伝子の働きを後天的に変える仕組みのことです。研究者の多くが、この仕組みを「まるでスイッチのオンとオフを切り替えるように、遺伝子の働きを変える仕組み」と考えていることから、専門家とも相談したうえで、〝DNAのスイッチ〟および〝DNAスイッチ〟と呼ぶことにしました。

〝DNAスイッチ〟の数は、少なくとも、遺伝子ひとつにつきひとつ。2万個以上もあると考えられています。ただし、これは「およそ2万個ある」という意味ではありません。〝DNAスイッチ〟がいくつあるのか、正確な数はまだわかっていません。ひとつの目安として、遺伝子はおよそ2万個あるため、ひとつの遺伝子にスイッチがひとつあるとして数えたとすると、2万個以上ということになります。

しかし、遺伝子には複数の働きがあり、その働きを制御する仕組み（＝スイッチの数）も複数あることがわかってきているため、「少なくとも数十万個はある」とも考えられています。こんなふうにまだわかっていないことも多いですが、最先端のホットな研究分野というのは、そういうものです。

赤ちゃんが大人になるのもスイッチの役割

こうした新たな研究分野が花開いたのは、ＤＮＡの状態を網羅的に分析する超高速シークエンサーの登場など、ここ10年ほどのテクノロジーの飛躍的な進歩によるところが大きいです。これまでは知ることのできなかった超ミクロの世界の現象を、詳細に分析できるようになり、いわば「遺伝子の真の姿」が明らかになってきているのです。

ＮＨＫスペシャルの中では、この目に見えない世界の仕組みを理解していただくために、レバーによってオンとオフが切り替わるスイッチの模型やＣＧを使って説明しましたが、もちろんそれはわかりやすくお伝えするためのイメージです。体の中で実際に起きている現象を少し専門的に言うと、「ＤＮＡにメチル基などの化学的修飾が付加して、構造的な変化が起きることによって、遺伝子の発現（働き）が変化する」ということになりますが……、詳しくはまたのちほど。

こうして〝ＤＮＡスイッチ〟という神秘的な仕組みが明らかになるにつれ、遺伝子に対する従来の見方や常識が覆りつつあります。

これまでは、遺伝子は「持っているかどうか」が重要と考えられてきましたが、実際にはそれが「働いているかどうか」が重要であり、実はその働きは「後天的に変化しうる」ということがわかってきたのです。その驚きを、ベルヴィジ生物医学研究所のエステラー教授はこんなふうに語ってくれました。

「〝DNAのスイッチ〟の発見は極めて重要で、衝撃的なものでした。私たちは赤ちゃんから大人になるまでどんどん変化していきますが、生まれ持った遺伝子は変わりません。では、何が違いをもたらすのか？　その謎の正体こそが〝DNAのスイッチ〟、すなわち、遺伝子の働きをオンにしたりオフにしたりする仕組みであることがわかってきたのです。だからエピジェネティクスは、まさに運命を変える仕組みであり、人間を人間たらしめている根源的な仕組みなのです」

では、このDNAのスイッチが一体どんなふうにして、私たちの運命を左右するのでしょうか。

「がん撃退」最先端の治療法

もし〝DNAのスイッチ〟によって自分の運命を変えられるとしたら、あなたは具体的に何を、どう変えたいですか？

頭がよくなりたい、走るのが速くなりたい、ハンサムになりたい、明るい性格になりたい……人それぞれ願いはあるでしょう。しかし、何よりも強い願いのひとつは、これではないでしょうか。「病気を治したい」、そして「健康になりたい」。

どれほどの優れた才能があっても、容姿に恵まれていたとしても、やはり健康でなければあまり意味をなさないというのは、重い病気に限らず、風邪などで体調を崩しただけでも、誰もが感じることだと思います。

実際、遺伝子研究において最も期待され、多くの研究資金が集まるのは、病気の予防や治療に関するものです。それはエピジェネティクスという新たな研究領域においても、例外ではありません。

〝DNAスイッチ〟が精力的に研究され、その仕組みが明らかにされてきたのは、病気の中でも最大関心事である「がん研究」の分野においてです。がんの研究によって、DNAスイッチの詳しい仕組みが解き明かされてきたと言っても過言ではありません。

その中心人物のひとりが、がん研究の世界的権威、ジョンズ・ホプキンス大学のスティーブン・ベイリン教授です。実はベイリン教授は、先ほどのエステラー教授の師匠筋にあたる方で、日本を含む世界中から多くの研究者を受け入れてきた大御所です。

ベイリン教授らのグループは、がんの発症に〝DNAのスイッチ〟が大きくかかわっていることを明らかにしてきました。端的に言うと、私たちはほとんどの人が「がんを抑える遺伝子」をちゃんと生まれ持っていますが、何らかの原因でそのスイッチがオフになることがあり、それががんを発症する大きな原因になっていることを突き止めたのです。その詳しいメカニズムは、第2章でお伝えします。

なぜ「がんを抑える遺伝子」のスイッチがオフになってしまうのでしょうか？　そこには、食事や運動などの「生活習慣」が大きくかかわっていることがわかってきています。逆に、食事の内容やとり方、適切な運動などによって、がんを含むさまざまな病気にかかわる遺伝子のスイッチが変化し、病気を予防したり治療したりできる可能性も明らかになってきています。

また、ベイリン教授らは、「がんを抑える遺伝子」のスイッチをオンに戻すことができれば、がんを治療することができるのではないかと考え、新たな薬の開発も行ってきました。その薬は、ＤＮＡに直接作用して、遺伝子の働きを変えるという、驚くべき効果を持っています。実はこうした薬の一部はすでに実用化されており、日本でも承認されています。

さらに今、がんなどの病気にかかわる遺伝子のスイッチを切り替えるだけでなく、記憶力や音楽能力、さらには長寿や若返りなどにかかわる遺伝子のスイッチを切り替えるための方法も、盛んに研究され始めています。こうした〝運命を変える方法〟については、第3章で詳しく取り上げます。

ダーウィンもびっくり！　精子トレーニング

ここまでは、〝DNAのスイッチ〟によって「自分の運命を変える」という話でしたが、実はそれだけではない、とんでもないことが明らかになりつつあります。それは、あなたの努力や行動によって、自分だけでなく、子や孫など次の世代の運命まで変えられるかもしれない、ということです。

その最先端の研究が行われているのは、デンマークのコペンハーゲン大学。ロマン・バレス教授が行っている、いわば〝精子トレーニング〟という非常に興味深い研究です（175ページの写真）。男性が子作りに励む前のいっときだけ、運動やダイエットによって自らのメタボ（メタボリックシンドローム）を改善。同時に、精子の中の、メタボにかかわる〝DNAスイッチ〟を健康な状態に切り替えて、生まれてくる子どもに遺伝させようというのです。

エピジェネティクスの研究で今最もホットなのは、実はこの「〝DNAのスイッチ〟が世代を超えて受け継がれるか」というテーマです。なぜホットなのかというと、もし受け継がれるとしたら、それは「獲得形質は遺伝しない」という、ダーウィン以来の遺伝学の常識を覆す可能性があるからです。

獲得形質というのは、たとえば勉強して頭がよくなるとか、体を鍛えて筋肉をつける、あるいは食べすぎで太るなど、生まれた後の経験によって獲得した（身につけた）性質や体質などのことです。

従来の常識では、後天的にどんな経験をしたとしても、生まれ持った遺伝子自体は変化しないため、その経験が子どもに遺伝することは決してないとされてきました。しかし、〝DNAのスイッチ〟という後天的に変化する仕組みが見つかったことで、ありえないとされてきたその「獲得形質の遺伝」が、起こりうるのではないかと考えられ始めています。

すでにマウスなどの動物を使った実験によって、肥満やメタボにかかわる〝DNAスイッチ〟が実際に遺伝する可能性があることが確かめられています。さらに、いわば「恐怖の経験が遺伝する」という、驚きの論文も登場しています。

詳しくは第4章でお伝えしますので、科学の研究の最前線で今まさに起きているエキサイティングな議論、そのワクワクする面白さを、ぜひ味わっていただきたいと思います。

リアル「宇宙兄弟」から驚異の能力が判明

私たちの体には、なぜこうした不思議な、複雑な仕組みが備わっているのでしょうか？最後のトピックは、〝DNAのスイッチ〟が存在する深遠な理由に迫るものです。

２０１６年3月1日。人類が初めて手にする、ある貴重なサンプルを乗せた宇宙船が、国際宇宙ステーションを離れ、地球へ向かいました。カザフスタンの平原に着陸した宇宙船から出てきたのは、国際宇宙ステーションに1年近く滞在していたＮＡＳＡの宇宙飛行士、スコット・ケリーさんです。

スコットさんが持ち帰った貴重なサンプルというのは、宇宙空間での長期滞在中に採取した血液。その中に含まれる、自らの〝DNAのスイッチ〟です。

この研究は、ツイン・スタディというプロジェクトの一環として行われました。ツイン・スタディ、つまり双子の研究です。実はスコットさんには、一卵性双生児の兄マーク・ケリーさんがいて、マークさんもＮＡＳＡの宇宙飛行士です（１１４〜１１５ページ第2部扉の写真）。双子のリアル「宇宙兄弟」というわけです（『宇宙兄弟』というのは２００７年に『モーニング』誌で連載を開始した人気漫画のタイトル。宇宙飛行士の兄弟が活躍します)。

一卵性双生児はまったく同じDNAを生まれ持っている特別な存在のため、両者の〝DNAスイッチ〟を比較することによって、重要なデータを得ることができます。このツイン・スタディにおいては、宇宙に長期滞在したスコットさんのDNAだけに起きた変化が、詳細に調べられました。

その結果は、私たちの体が持つ柔軟性、そして適応力を示す、驚くべきものでした。詳しい内容は第5章でお伝えします。

第2章 「がんを抑える遺伝子」をスイッチオフにする仕組み

運命が分かれた一卵性双生児の姉妹

「〝DNAのスイッチ〟が運命を変える」。そのことが科学的に確かめられたのは、双子の研究がきっかけでした。

実際に運命が変わった象徴的な双子を探すために、私たちが訪ねたのは、アメリカ・ロサンゼルスにあるカリフォルニア州立大学。その心理学部の建物の一角に、双子研究センターという場所があり、その所長がナンシー・シーガル教授です。シーガル教授は双子の研究で世界的に有名な方で、これまで数千組もの双子に会って調査・分析し、数多くの論文や著書を発表してきました。

約束の時間に、ピンクのレザージャケットでさっそうと現れたおしゃれなシーガル教授。双子を研究する動機は、実は彼女自身が双子であるということです。中でも、シーガル教授が特に力を注いできた研究対象が、同じ受精卵から生まれる「一卵性双生児」です。

生物学的には興味深い存在とも言える一卵性双生児は、昔からさまざまな学問の研究対象になってきましたが、とりわけ遺伝学においては特別な意味を持ちます。なぜなら、同じ受精卵から分かれて誕生するため、まったく同じDNAを生まれ持っている、いわば〝自然界のクローン〟とも言える存在だからです。

シーガル教授は私たちに、これまで研究の対象としてきた一卵性双生児の写真を何枚も見せてくれました。いずれも見分けがつかないほどよく似ています。

「ほら、こちらの兄弟を見てください。このふたりがシャツを脱ぐと、胸毛の生える場所や毛の巻き方がまったく同じです。よく見ると、ふたりとも同じように小指を立ててビールの缶を手に持っていて、頭のはげ方やひげの生え方、メガネまでがそっくりです」

でも実はシーガル教授は、一卵性双生児が「いかに似ているか」だけを調べているわけではありません。その反対、「いかに似ていないか」に強い関心があると言います。

「一卵性双生児には大きな謎があります。まったく同じDNAを持っているので、もちろんさまざまな点でよく似ていますが、どれほどそっくりな双子であっても、非常に大きな違いが生じることがあるのです。そして、そのふたりの運命は大きく分かれていきます。

なぜそのような違いが起きるのか、ふたりの体の中で一体どんな違いが起きているのか、知りたいのです」

そんなシーガル教授が特別に紹介してくれたのが、ロサンゼルスの少し南、ロングビーチ市に暮らす一卵性双生児の姉妹でした。

２０１８年11月15日、閑静な住宅街にある庭付きの一軒家のチャイムを鳴らすと、優しい笑顔でふたりが出迎えてくれました。モニカ・ホフマンさん（姉）とエリカ・ホフマンさん（妹）です。

この姉妹の境遇は、「ＤＮＡスイッチと運命」というテーマをまさに体現するかのようなものでした。姉妹は１９７９年にここで生まれ、同じ高校に通って同じバスケットボール部に入り、大学も同じ地元の学校でした。その後も、医薬品を扱う会社を設立して一緒に働き、ルームシェアをして同じ家に暮らしてきたという、非常に仲のよい姉妹です。背格好や体型、視力などもほとんど同じで、これまでふたりとも大きな病気にかかることもなかったと言います。

ところが、２０１５年、ふたりの運命は大きく分かれました。モニカさんが、乳がんを発症したのです。抗がん剤による治療を受けてきましたが、去年の秋に再び発症。大きな手術を経て、闘病を続けています。一方、エリカさんは今のところ健康そのもの。乳がんの兆候は見つかっていません。

モニカさん「がんだと知って、ショックで泣いたわ。あなたは乳がんで、ステージはいくつでとか、医師にいろいろ言われたけど、覚えてないの。見かねた母が、いったん病室を出るようにって言ってくれて……。なぜ私だけがかかったのか、思い当たる節がなくて、困惑したわ」

エリカさん「最初にそれを聞いたときは、気が狂いそうでした。どうして私じゃなくて、愛するモニカだけがそんな運命を背負うことになったのか、わからなくて……。神様に祈るしかないのかしらって思ったわ」

実は、モニカさんとエリカさんのようなケースは、めずらしくありません。というのも、およそ1万6000組の一卵性双生児の統計データを解析した研究によると、生まれ持った遺伝子が原因でがんになる確率は、たった8％ほどしかないというのです。つまり、同じ遺伝子を生まれ持つ一卵性双生児といえども、両方が同じがんにかかるケースはまれであり、片方だけがかかるケースが圧倒的に多いということです。

では一体、残りのおよそ90％の原因は何なのでしょうか。これまでは、生まれ持った遺伝子以外の後天的な要因、つまり「育った環境」や「生活習慣」などが影響しているという説明だけで、済まされてきました。ところが、そこに、〝DNAのスイッチ〟が大きくかかわっていることがわかってきたのです。

それを突き止めたキーパーソンに会うため、私たちはアメリカ東海岸へと飛びました。

がん患者の6割で抑制スイッチがオフに

「クライム・シティ（犯罪都市）」という物騒な呼び名のある、ボルティモア。この町の人々が、誇りとしているものがふたつあります。ひとつは、引退した上原浩治投手も在籍していた、大リーグの古豪・オリオールズ。そしてもうひとつが、世界屈指のがん研究の拠点、ジョンズ・ホプキンス大学です。がん研究の先進事例を取材していると、必ずと言っていいほど「ジョンズ・ホプキンス」の名前が挙がります。〝DNAスイッチ〟、すなわちエピジェネティクスという分野は、がんの研究によって大きく進展してきたため、この名門大学はエピジェネティクス研究においても一大拠点となっています。

その中心にいるのが、二大巨頭とも言えるふたりの研究者、アンドリュー・フェインバーグ教授と、スティーブン・ベイリン教授です。世界にその名を知られるこのふたりは、これまでに取材で読んできた論文や専門書などに頻繁に登場します。そして今回、特にお世話になったのが、ベイリン教授です。いよいよ明日お目にかかれるという撮影の前日の夜は、なかなか寝つけないほど緊張しました。

撮影当日。「ベイリン教授はとても厳格で、怖い方だ」という噂を聞いていたこともあり、緊張はピークに達していました。しかし、廊下の向こうからひょっこり現れた教授は、威厳はありつつも、ニコニコ顔の温厚なおじいさん。こちらが何を聞いても、わかりやすい言葉で、丁寧に答えてくれます。

取材の初期にベイリン教授にインタビューできたことは、エピジェネティクスに対する理解を深め、番組全体の設計をするうえで、非常に大きな財産になりました。エピジェネティクスという専門用語をできるだけ避けて、一般の方にもわかりやすいように、「スイッチ」という表現を使うことにも賛同してくれました。

「なるほど、遺伝子のスイッチがオンになったり、オフになったりする、か。このたとえはイメージしやすくて、とてもよい表現方法だね。気に入ったから、私も一般人向けの講演会などで使おうと思うよ」

インタビューの最後に、そう言ってくれたほどでした。

では、その〝DNAのスイッチ〟は、一体どのようにがんの発症にかかわっているのでしょうか。ベイリン教授は、ある遺伝子に注目しました。それは、「がんを抑える遺伝子」(専門的には「がん抑制遺伝子」)です。

たとえば、乳がんの場合。がんは、母乳を作る「乳腺」という組織で発症します。その乳腺の内部を、電子顕微鏡のスペシャリスト、旭川医科大学の甲賀大輔准教授が捉えた画像で見ると、袋のようなものの中に、たくさんの丸い球が詰まっているのがわかります。この丸い球は「脂肪球」と呼ばれる、母乳のもとです。それを作り出しているのが、袋の周りを囲んでいる「乳腺の細胞」です。

乳腺の細胞は、母乳をたくさん作るために、活発に細胞分裂し、増殖をくり返します。しかし、それに歯止めがきかなくなって、異常に増殖してしまうことがあります。その状態を放っておくと、乳がんになってしまいます。そんなとき活躍するのが、そう、「がんを抑える遺伝子」。細胞の異常な増殖を抑える働きを持っているのです。

ベイリン教授らの研究グループが、215人のがん患者のDNAを詳細に調べてみると、全員が「がんを抑える遺伝子」をちゃんと持っていることがわかりました。では、なぜ細胞の増殖は止まらないのでしょうか?

そこで、最先端の分析装置を用いて〝DNAスイッチ〟の状態を調べたところ……なんと、がん患者の6割以上で、「がんを抑える遺伝子」のスイッチが、オフになっていることがわかったのです。

「まさかと思いました。〝DNAのスイッチ〟のオンとオフという仕組みの発見は、まさにセンセーショナルなものです。がん患者の細胞の中では、がんを抑える遺伝子のスイッチの切り替えが起きていて、〝DNAのスイッチ〟がオフになることが、がんの発症につながる非常に重要な原因のひとつになっている可能性が高いのです」

一体なぜ、〝DNAのスイッチ〟はオフになってしまったのでしょうか？ そのオンとオフによって、体の中で、どんな違いが生まれるのでしょうか？ さあ、いよいよ、「双子の運命を分けた真相」を探っていきましょう。

双子の運命を分けた真相とは

今回の「遺伝子」プロジェクトにおいても、番組では多くの研究者の方々に監修をしていただきながら、〝DNAのスイッチ〟が切り替わるメカニズムを描き出しました。まったく同じDNAを生まれ持つにもかかわらず、大きく運命が分かれた、一卵性双生児のモニカさんとエリカさんのDNAの世界に分け入り、その真相を解明していきましょう。

乳腺の細胞の中に入ると、その中心部に丸い球状のものがあります。これがDNAを格納している「核」です。さらに、その核の中に飛び込むと……DNAの塊が密集し、複雑に折り重なっています。まるで〝DNAの森〟です。その奥へと進んでいくと、開けた場所に出ます。そこに現れた細長い1本のDNAの鎖が、「がんを抑える遺伝子」です。

まず、〝DNAのスイッチ〟がオンの場合。この「がんを抑える遺伝子」の上を、「読み取り機」のようなもの（専門的には「RNAポリメラーゼ」）が走ることによって、設計図が読み取られ、コピーが作られます（口絵Ⅵページ上の写真）。

そして今度は、その設計図のコピーに「物質を作る製造機」のようなもの（専門的には「リボソーム」）が取りつき、そこに書かれた情報に基づいて、「がんを抑える物質」が作り出されます。すると、その物質が細胞の異常な増殖を止めることによって、がんが抑え込まれます。これが、〝DNAのスイッチ〟がオンの、健康な状態です。

一方、〝DNAのスイッチ〟がオフになった状態では、どんなことが起きているのでしょうか？　口絵Ⅶページ上の写真をご覧ください。「がんを抑える遺伝子」の周りにオレンジ色の物質が漂っています（実際には何色なのかわかりませんが、CGになってオレンジ色ということにします）。これこそが、〝DNAのスイッチ〟をオフにする張本人、「DNAメチル化酵素」と呼ばれる物質です。一体どんな働きがあるのか説明しましょう。

DNAメチル化酵素が「がんを抑える遺伝子」の表面に取りついて、何やら小さな粒々をくっつけます。これは炭素原子1つに水素原子3つがくっついた「メチル基」と呼ばれる分子で、大きさはわずか1000万分の1ミリほど。実はこのメチル基、磁石のような役目をして、周りにあるさまざまな物質を「がんを抑える遺伝子」のほうに引き寄せていきます。

そして今度は下の写真を見ると、引き寄せられた物質同士が遺伝子を巻き込みながらくっついて、なんと「がんを抑える遺伝子」が、クチャクチャに折りたたまれ出していきます。これでは、「がんを抑える物質」を作ろうにも、遺伝子に書かれた設計図の情報を読み取ることができません。つまり、〝DNAのスイッチ〟がオフの状態になったのです。

まとめると、DNAが折りたたまれていないのが、スイッチオンの状態。遺伝子に書かれた設計図の情報を読み取ることによって、がんの増殖を抑える物質を作ることができます。一方、DNAがクチャクチャに折りたたまれたのが、スイッチオフの状態（口絵Ⅵページ下の写真）。こちらは、設計図の情報を読み取れず、がんの増殖を抑える物質を作ることができません。

モニカさんのようながん患者の場合、何らかの原因で、DNAメチル化酵素が増えるなどして、「がんを抑える遺伝子」のスイッチがオフになり、がんの発症につながる場合があると考えられています。これが、まったく同じDNAを生まれ持つ一卵性双生児の、運命を分けた真相です。つまり、大切な「がんを抑える遺伝子」はモニカさんもエリカさんも同じように持っていますが、その働きが後天的に変化することによって、運命が大きく変わった可能性があるのです。

こうしたスイッチの切り替えは、およそ2万個あるすべての遺伝子で起きている可能性があります。「目を作る」「耳を作る」などの遺伝子のように、生まれる前にしか切り替わらないものもあれば、生まれた後にも切り替わりやすいものもあります。

また、スイッチはオンの状態がよくてオフが悪いというわけではなく、たとえば「老化を進める遺伝子」「脂肪をためる遺伝子」などのように、スイッチがオフになったほうがよいケースもあります。私たちのDNAのスイッチが切り替わることによって、さまざまな能力や体質、病気のなりやすさなどが変化し、運命は大きく変わっていくのです。

この〝DNAスイッチ〟という仕組みの発見により、「生まれ持ったDNAは基本的に一生変化しない」という今までの常識に対して、実は「DNAには生まれた後にも柔軟に変化する仕組みがあり、遺伝子の働きを変える」ということがわかってきました。この発見は、「生まれ持った遺伝子＝運命を決める存在」という広く流布していた見方に変化をもたらすものだと、多くの研究者が考えています。つまり、「DNAスイッチ＝運命を変える仕組み」なのです。

〝DNAスイッチ〟はなぜ必要か

ここまで、〝DNAスイッチ〟の基本的な仕組みを書いてきましたが、まずは大枠を理解しやすいように、現象を単純化したり、説明をはしょったりしている部分も多くありますので、いろいろな疑問が浮かんでいる方も多いと思います。そこで、番組を制作している過程で聞かれることの多かった質問にお答えする形で、いくつか補足説明をしたいと思います。

Q．「がんを抑える遺伝子」とは何か？　自分も持っているのか？

「がんを抑える遺伝子」は、専門的には「がん抑制遺伝子」と呼ばれ、主なものでも10種類以上の遺伝子が見つかっています。それぞれの遺伝子が、「細胞周期を止める」「DNAの損傷を修復する」などのさまざまな働きを持ち、がんの発症を防ぐために重要な役目を果たしています。遺伝子に先天的な異常のあるごく一部の人を除いて、私たちはみんな「がんを抑える遺伝子」をきちんと持って生まれています。

Q．「がんを抑える遺伝子」がオフになると、がんになるのか？

がんにかかっている人において、どの種類の「がんを抑える遺伝子」がどれくらいオフになっており、それがどの程度がんを発症する原因になっているのかは、現在も研究が進められており、まだ正確にはわかっていません。

先ほど、ジョンズ・ホプキンス大学の研究グループの論文に基づき、「215人のがん患者を調べたところ、その6割以上で、がんを抑える遺伝子のスイッチがオフになっている」ことがわかった例をご紹介しました。

その内訳は、乳がん患者106人で、主要な5種類の「がんを抑える遺伝子」を調べたところ、68人の患者で1種類以上のスイッチがオフに。また、大腸がん患者109人について、主要な6種類の「がんを抑える遺伝子」を調べたところ、84人の患者で1種類以上のスイッチがオフになっていた、というものです。

「がんを抑える遺伝子」のスイッチが1個でもオフになっていると、必ずがんになるというわけではありませんが、がんを発症する大きな原因のひとつであることがわかってきています。

Q．自分の〝DNAのスイッチ〟がどうなっているのか調べたい。

通常の遺伝子検査とは異なり、〝DNAのスイッチ〟すなわちエピジェネティクスの状態を調べるには、特殊な化学処理や高度な解析技術が必要なため、研究目的以外ではまだ行われていません。また、どのスイッチがどう変化していたら体にどんな影響が表れるか、という基礎的なこともまだ研究途上にあります。ですので、一般の方が受けられるような検査は、現在のところ存在しません。

Q.「DNAメチル化酵素」というのは悪者なのか？

この物質自体は悪者というわけではなく、むしろ人体にとって不可欠なものです。「DNAメチル化酵素」のそもそもの働きは、DNAに「メチル基」という極小の分子をくっつけて遺伝子の働きを制御するというもので、人体の発生やさまざまな生命活動において不可欠な、極めて重要な物質です。その量などのバランスが何らかの原因で崩れた場合に、「がんを抑える遺伝子」の働きをオフにするなど、体にとってよくない結果をもたらすこともあることがわかってきています。

NHKスペシャルでは、〝DNAスイッチ〟という抽象的で目に見えない仕組みを理解していただくために、レバーでオンとオフが切り替わるスイッチの模型をスタジオに用意し(119ページの写真)、タモリさんやゲストの俳優・石原さとみさん、阿部サダヲさんにも動かしてもらいました。タモリさんは「電車のマスコン(マスター・コントローラー)みたいなもんだね」と言って遊んでいましたが(笑)。

その際、石原さんがふと「スイッチはオンとオフだけなんですか? レバーが中間の状態になることはないんですか?」という質問をしました。

これは非常に鋭い指摘で、番組では理解のために単純化して説明しましたが、実際には「少しオン」などの中間の状態というのも存在します。〝DNAのスイッチ〟はオンとオフ、すなわち1と0だけのデジタルな世界ではなく、音量のボリュームを微妙に調節するような、アナログの世界なのです。実は、司会の山中教授と事前に打ち合わせを行った際にも、スイッチのイメージについてこんなアドバイスをもらっていました。

「〝DNAスイッチ〟の模型を作るなら、電気をつけたり消したりするスイッチのように、オンとオフだけがパチパチと切り替わるような形状のものではないほうがよいでしょうね。レバーのように動かせるものがついていて、オンとオフの中間のさまざまな状態も表現できるようにしておいたほうが、ふさわしいと思います」

それでは、なぜそんな複雑な仕組みが必要なのでしょうか。この章の最後に、「〝DNAのスイッチ〟はそもそも何のために存在するのか」という話をしたいと思います。それはひと言で言うと、「複雑な体を形成し、維持するため」です。私たちの体は、たったひとつの受精卵から出発して、細胞分裂をくり返し、最終的には200種類以上、およそ40兆個もの細胞に分かれて、複雑な生命活動を行っています。でも実は、ひとつひとつの細胞の中にあるDNA自体は受精卵のときから変化せず、すべて同じものが入っています。

そんな同じDNAから、「脳の細胞」や「筋肉の細胞」「生殖細胞」などの多種多様な細胞を作り出すことができるのはなぜか。それは、〝DNAのスイッチ〟によって「どの遺伝子が発現するか（働くか）」が制御されているからです。

実はスイッチオンの遺伝子はほんの一部だけ

どの細胞の中でも、実際に働いている遺伝子、つまりスイッチオンになっている遺伝子は、全体のほんの一部だけと考えられています。逆に、それ以外の遺伝子は、スイッチオフになっているのです。もし勝手にそのスイッチがオンになってしまったら、「目の細胞から突然、歯の細胞が生まれる」なんてことになりかねません。だからこそ、そのオンとオフを制御するあの口絵Ⅶページの上の写真にある「DNAメチル化酵素」は、人体にとって不可欠な物質なのです。

エピジェネティクスの基本的な研究は、主にこうした「発生学」の分野で進められてきました。そこでは、どの遺伝子のスイッチがオンかオフかは、細胞ができる最初の段階で決まっており、後から簡単には切り替わらない、切り替わってはいけないものだと理解されてきました。

それが最近の研究で、遺伝子の種類によっては、実は意外と簡単にスイッチが切り替わりうること、また、実際にスイッチを切り替える方法もあるということが、次々と明らかになってきているのです。本書で取り上げている話題は、主にこの後者の新しい知見に基づいています。こうした仕組みについて、山中教授は事前の打ち合わせで、こんなふうに表現していました。

「スイッチが簡単には切り替わらない状態というのは、スイッチがいわば〝カバー〟で覆われて、動かせなくなっている状態にたとえられると思います。非常口のドアノブなどによくついている、透明なプラスチックのカバーのようなイメージです。いったんカバーで覆われると、簡単にスイッチを切り替えることはできません。しかし、実はカバーで覆われていないスイッチもいろいろあって、それらを切り替えられることがわかってきたのです。私が研究しているiPS細胞の場合は、そのカバーを全部取り払って、すべての遺伝子のスイッチを切り替えることができる状態と言えます」

番組の収録で、〝DNAスイッチ〟の仕組みについて聞いた阿部サダヲさんは「体の中でこういうことが起きているっていうのを考えたこともなかったんで、びっくりしてますね。今でも実際に、僕の中でスイッチが変わったりしてるわけですもんね」と言っていました。阿部さんが驚いたとおりで、信じがたいほどに複雑で精妙な仕組みを、私たちは体の中に持っているのです。

また、遺伝子の発現を制御する仕組み自体にも、さまざまなものがあることもわかってきています。最も詳しくわかっているのは、ご紹介した「DNAメチル化酵素」によるもの。その仕組みをもう少し詳しく書くと、「遺伝子の読み取りを促すプロモーターという領域に多く存在する、シトシン（C）という塩基にメチル基をくっつけることによって、遺伝子の発現をオフにする」というものです。そして、それとは逆の働きをする、「DNA脱メチル化酵素」というものが発見されています。こちらは、「遺伝子の発現をオンにする」働きを持ちます。

他にも、DNAが巻きついている「ヒストン」という円盤状の物質に、メチル基をくっつけたり取り除いたりする酵素もあります。さらに、メチル基の代わりに、「アセチル基」という分子をくっつけたり取り除いたりすることによって、遺伝子の発現を調節する仕組みも存在します。これらを組み合わせると、「DNAメチル化酵素」「DNA脱メチル化酵素」「ヒストン・メチル化酵素」「ヒストン・脱アセチル化酵素」などなど……非常に多くの仕組みが存在し、遺伝子の発現が極めて精妙に制御されていることがわかってきているのです。

こうした「遺伝子の発現の制御」の重要性を、ジョンズ・ホプキンス大学のベイリン教授は、オーケストラの演奏にたとえて説明してくれました。

「遺伝子に書き込まれた情報は、いわば音楽の譜面のようなものです。これまではそこに何が書かれているか、どんな意味を持っているかを必死に研究してきました。しかし、重要なのは、その譜面のどこを読んで、どんな演奏をするかということなのです。同じ譜面からでも、演奏の仕方によって、まったく異なる音楽が生まれます。生まれ持った遺伝子と、私たちの運命や人生の関係も、そういうものなのです」

ここまで読んでこられた方は、きっとこう思うでしょう。「〝DNAスイッチ〟の仕組みはわかったが、じゃあどうやったらそのスイッチを切り替えられるのか？」次の章では、その具体的な方法に関する、最新の研究をご紹介します。

第3章

「がん撃退」や「記憶力アップ」を叶える習慣

「食事」でスイッチが切り替えられる

「どうすれば〝DNAのスイッチ〟を切り替えることができるのか?」その最も身近な方法として盛んに研究されているのが、食事や運動などの「生活習慣」によるDNAスイッチの変化です。

「健康のためには生活習慣が大切」ということは言うまでもありません。しかし意外なことに、「生活習慣が一体どのようにして私たちの体に作用するのか」という詳しいメカニズムはよくわかっていませんでした。

それが今、〝DNAスイッチ〟の変化を詳しく調べることによって、実は生活習慣には「遺伝子の働き」を変えて、体にさまざまな変化をもたらす仕組みがあることがわかってきたのです。その驚きのメカニズムを知れば、生活習慣というものの考え方はがらりと変わります。

２０１８年11月26日、私たちはバルセロナから車で5時間かけて、スペイン北部の古都・パンプローナを訪れました。闘牛や牛追い祭りで有名な美しい町ですが、その名前を初めて聞いたという人も多いと思います。私も寡聞にして知らず、まさかこんな地方の町に遺伝子の取材で訪れることになるとは、思ってもみませんでした。

実は、パンプローナには「ナバーラ大学」というスペイン屈指の名門大学があり、そこで「食事とＤＮＡスイッチ」に関する注目の研究が行われています。

この研究の背景にあるのは、２０１３年にその結果が発表された Prevención con Dieta Mediterránea（ＰＲＥＤＩＭＥＤ）という、大規模なプロジェクトです。日本語に訳すと「地中海食による予防」という意味で、スペインの複数の研究機関が協力し、７０００人以上の被験者の食事をコントロールして病気の予防をめざすという、大がかりな実験を行いました。

具体的には、心血管疾患（動脈硬化や心筋梗塞、脳卒中など）のリスクが高い人々を被験者として、「地中海食」を長期間にわたって継続的に摂取してもらい、その結果、病気のリスクがどの程度下がるかを統計的に調べるという研究です。

「地中海食」というのはあまり聞き慣れない言葉ですが、スペインやイタリア、ギリシャなどの地中海沿岸諸国でとられている食事の総称のようなもので、日本の「和食」のように、健康によい伝統料理として注目を集めています。野菜や果物、魚が豊富で、特にオリーブオイルやナッツ類を毎日のように食べるのが特徴です。

同大学のアルフレード・マルチネズ教授は、栄養生理学の専門家として、地中海食プロジェクトを率いてきた中心人物のひとりです。そのマルチネズ教授が今行っているのが、「地中海食によって〝DNAスイッチ〟がどう変化するか」を詳しく調べる研究なのです。実験の参加者のひとり、ホセテ・ウファーノさんの協力を得て、その様子を撮影しました。

ウファーノさんにはオリーブオイル（エキストラバージン）とナッツ（アーモンド）が無償で支給され、それを毎日「地中海食」の料理に取り入れて、摂取するよう指導されています。私たちが撮影にうかがった際の昼食では、ニンニクをオリーブオイルで炒めたソースを焼き魚にかけ、生野菜のサラダにはオリーブオイルと刻んだナッツをかけて食べていました。

被験者にはこうした食事を5年にわたって続けてもらい、定期的に血液を採取して、そこに含まれるDNAに起きる変化を調べるのです。

これまでの分析によると、オリーブオイルやナッツを含む地中海食の摂取が多いほど、肥満や高血圧などの「メタボ」の予防にかかわるDNAのスイッチが、大きく変化することがわかってきています。

ここで見ているのは、具体的には、末梢血細胞に含まれるDNAの「メチル化」の程度の変化です。端的に言うと、ある遺伝子のメチル化の程度が小さい＝遺伝子の働きがアップ（スイッチオン）、メチル化の程度が大きい＝遺伝子の働きがダウン（スイッチオフ）という関係になります。

その変化が大きかったトップ50の遺伝子を調べてみると、脂肪生成にかかわる遺伝子IFRD1、肥満にかかわる遺伝子LEPR、血圧の制御にかかわる遺伝子NAV2、2型糖尿病の発症にかかわる遺伝子PPARGC1Bなど、数々の重要な遺伝子が含まれていました。

中でもマルチネズ教授が注目しているのは、「炎症」にかかわるEEF2、COL18A1などの8個の遺伝子の変化です。「炎症」というのは最近の医学の重要キーワードで、体の中で起きる低レベルの慢性的な炎症が、さまざまな病気の引き金になることがわかってきています。メタボの原因としても、内臓脂肪などで起きる慢性炎症が注目されているのです。

「スペイン人の場合、オリーブオイルやナッツを食べ続けると、炎症反応の制御に関する〝DNAのスイッチ〟などが変化して、メタボの予防や改善など、健康によい効果をもたらすことが明らかになってきました。食事の内容やとり方を工夫することによって、〝DNAのスイッチ〟を改善することが、今後、病気の予防や治療の一環として重要になってくるでしょう」

この地中海食に関する研究ほど包括的で大規模なものではありませんが、ほかにも、世界中でさまざまな食品と〝DNAスイッチ〟の関係が研究され始めています。

たとえば、日本人にはなじみ深い緑茶。緑茶に含まれるカテキンの一種（エピガロカテキンガレート）には、「がんを抑える遺伝子」のスイッチをオンにする効果があることが明らかになってきています。同様に、ブロッコリーや大豆、ホウレンソウなどにも、「がんを抑える遺伝子」のスイッチをオンにする効果があるといいます。

また、ショウガや赤ワインなどには、炎症を抑えたり、老化を防いだりといった、健康にかかわるスイッチを切り替える効果があるらしいこともわかってきています。

食品には、エネルギーを摂取する、ビタミンなどの栄養を摂取するという役割がありますが、今後は、〝DNAのスイッチ〟を切り替えて「遺伝子の働きを変える」という役割についても研究が進み、新たな知見が次々ともたらされていくことになるでしょう。

「運動」が病気予防のスイッチもオンにする

食事と並ぶ生活習慣の要が、運動です。「運動とDNAスイッチ」に関する先進的な研究が行われていると聞いて訪ねたのは、スウェーデンのカロリンスカ研究所。山中教授が受賞した、ノーベル生理学・医学賞の選考や授与を担う研究機関として非常に有名です。

カロリンスカ研究所には、ノーベル賞ホールなどがあるストックホルム市内のメインキャンパスのほかに、付属病院などが入っているもうひとつのキャンパスが郊外にあります。その付属病院の一角で、ちょうど運動の実験が行われていました。

手がけるのは、生理・薬理学部のカール・ヨハン・スンドベルグ教授です。運動生理学を専門とするスンドベルグ教授は、運動が体にもたらす影響を、さまざまな科学的手法で調べてきました。そして今取り組んでいるのが、運動によって〝DNAのスイッチ〟がどう変わるかを、詳細に分析する研究です。

先ほどの食事の実験もそうですが、実はこうした遺伝学の研究を、実際に人間を対象にして行うのは、そう簡単なことではありません。条件をコントロールしやすい、マウスなどの実験動物を使って行われることがほとんどです。

それでも、実験動物でわかった研究結果が私たち人間にも本当に当てはまるのかは、やはり人間で確認しなければ証明したことにはならないため、研究者たちはさまざまな工夫をこらして実験を行います。

スンドベルグ教授らの研究グループが行った実験は、次のようなものです。実験の参加者には、軽い負荷をかけて脚を曲げ伸ばしする持久運動を、45分間行ってもらいます。ただし、運動するのは常に片方の脚だけで、それを週4回、3ヵ月にわたって続けてもらいます。

なぜこんな面倒なことをするかというと、運動による影響だけを、厳密に確認するためです。というのも、ある人が3ヵ月間トレーニングする前と後の変化を測定したとしても、そこには食事や睡眠、ストレスなど、他のさまざまな要因による影響も加わっているため、純粋に運動によって起きた変化だけを調べたことにはなりません。

でも同じ人の「トレーニングした脚」と「トレーニングしていない脚」を比較すれば、それ以外の条件は基本的に共通しているため、その影響は打ち消されることになり、運動による変化だけを確認できるのです。シンプルではありますが、意外と思いつかない賢い実験方法です。片方の脚だけを鍛え続けることなど、それはそれで大変そうですが……。

トレーニング開始前と終了後に、少し痛々しいですが、被験者の左右の脚（外側広筋）に注射器のようなものを刺して、骨格筋細胞を採取。そこからDNAを抽出して、すべての遺伝子について「メチル化」の程度の変化を分析します。左右の脚から得たDNA自体はもちろん同じものなので、そこに生じる〝DNAスイッチ〟の違いを調べるというのは、同じDNAを持つ一卵性双生児に生じる〝DNAスイッチ〟の違いを調べるのと似ています。

実験開始から、3ヵ月後。詳細な分析の結果、トレーニングした脚では、なんと4000以上の〝DNAスイッチ〟が変化（メチル化の程度が変化）し、遺伝子の働きが変化していることが確かめられました。その中身を詳しく見ると、筋肉の増強や血管の新生など、運動能力アップにかかわるさまざまな遺伝子が変化していることがわかりました。

この結果はなんとなく理解できますが、変化していたのはそれだけではありませんでした。糖尿病や心筋梗塞、さらにはがんなど、さまざまな「病気の予防にかかわる遺伝子」のスイッチも変化していることがわかったのです。

生活習慣に合わせて遺伝子がすばやく変化

従来の研究で、運動には糖尿病や心筋梗塞、がんなどのさまざまな病気を予防したり、症状を改善したりする効果があることがわかっています。その裏には、「〝ＤＮＡのスイッチ〟が変化して遺伝子の働きを変える」という、神秘的な仕組みがあることが明らかになってきたのです。これは、「運動すると内臓脂肪が減ってメタボが改善する」というような直接的な影響とは異なります。変化しているのは、体の奥底にある遺伝子の働きそのものなのです。

その詳しいメカニズムはまだ研究の途上にありますが、具体的には、「血糖値を下げる物質を作る遺伝子」や「がんの増殖を抑える物質を作る遺伝子」などの働きが、直接的あるいは間接的に変化すると考えられています。スンドベルグ教授の言葉を借りれば、「運動をすると、あなたの遺伝子の働きが変わり、健康効果をもたらします。それは一種の適応プロセスであり、そこには〝ＤＮＡのスイッチ〟が大きな役割を果たしていることが明らかになってきました。ＤＮＡのレベルで肉体改造されて、自分の体が『健康によい物質を作る高性能の工場』になるようなイメージです。今まで、こうした〝ＤＮＡのスイッチ〟の変化はそう簡単には起きないと考えられてきましたが、食事や運動などの外部環境に合わせて、驚くほど柔軟に、すばやく遺伝子の働きが変化することがわかりつつあり、そのダイナミックさに驚いています」

食事や運動などの生活習慣が体にとって大切というのはわかりますが、これまでに最新の研究で見てきたように、それがDNAにまで作用するというのは驚きです。逆に、過度な飲酒や喫煙などの習慣や、睡眠不足や精神ストレスなども〝DNAのスイッチ〟を変化させ、健康によくない影響を与えることもわかり始めています。

詳しいメカニズムはまだ明らかになっていませんが、〝DNAスイッチ〟のオンとオフにかかわる、あの「DNAメチル化酵素」をはじめとするさまざまな酵素の量などが変化し、スイッチが切り替わると考えられています。

それにしても、なぜこうしたDNAレベルの変化が起きるのでしょうか？

私たちの体は、生活習慣やさまざまなストレスなどを含む「環境」の変化にさらされると、その環境に応じて変化、つまり適応していくようにできています。そのための機能がDNAには備わっており、いわば〝主人〟である私たちが日々どんな環境で生きているかを敏感に感知して、それに合うように遺伝子の働きを柔軟に、すばやく変化させることができるようなのです。

そこで中心的な役目を果たしているのが、〝ＤＮＡのスイッチ〟です。環境の変化に応じて〝ＤＮＡのスイッチ〟が変化し、遺伝子の働きをダイナミックに変えます。

少し違う言い方をすると、体の内なるＤＮＡは、常に外の世界とも会話していて、〝ＤＮＡのスイッチ〟がその〝通訳〟のような役割を担っているのです。こうしたＤＮＡ像は、従来の「生まれ持ったＤＮＡは不変」という静的なイメージとは大きく異なる、新たな世界観とも言うべきものです。そう考えると、「生活習慣」に対する意識や取り組みも変わってくるのではないでしょうか。

ランニングで記憶力アップも!?　加速度的に進む研究

ここまで、主に「病気にかかわる遺伝子」と生活習慣の関係について見てきましたが、遺伝子はおよそ2万個あり、ほかにもたくさんの働きがあります。そうしたさまざまなスイッチを切り替えて、若返ったり記憶力をアップしたり、いろんな能力や性質などを改善し、運命を変えることもできるのでしょうか？　そんな質問に対して、山中教授は番組の中で、

「その可能性はあるんですけれども、たとえばがんは、細胞がどんどん増え続けるのを抑えればいいので、（スイッチをどう切り替えるかの）戦略がまだ立ちやすいんですが、若返りや記憶などのような能力や性質というのは、スイッチのコントロールが非常に複雑なんですよ」

と答えていました。私たちの能力や性質などにかかわる〝ＤＮＡスイッチ〟は、数がとても多く、中にはオフになったほうがよいスイッチもあるため複雑で、思いどおりにコントロールするのは簡単なことではないのです。

それでも、ここ10年あまりで、〝ＤＮＡのスイッチ〟に関する論文の数は右肩上がりに急増し、まさにそうした「運命を変えるための方法」も盛んに研究されています。

たとえば、「記憶力アップ」の方法として調べられているのは、なんと、ランニングです。記憶力の衰えは、「脳の神経細胞を成長させる遺伝子」がクチャクチャに折りたたまれて、働いていないことが原因のひとつかもしれないと考えられています。でも運動すると、脳の細胞の中の「ＤＮＡメチル化酵素」の数が減るなどして、遺伝子のクチャクチャがほどけ、〝ＤＮＡのスイッチ〟がオンになる。すると、記憶力がアップする可能性があるそうです。

また、「音楽能力アップ」の方法として研究されているのは、音楽をたくさん「聴くこと」です。音楽をたくさん聴くと、「聴覚にかかわる神経伝達物質」を作る〝DNAのスイッチ〟がオンになり、音色などを聞き分ける能力がアップすると考えられています。そして、その効果は若いときのほうが大きいそうです。

ほかにも、「肌の老化を進める遺伝子」のスイッチをオフにして、若返らせようという研究や、寿命を延ばしたり、持久力をアップしたりといった、楽しみな研究が世界中で進められています。

才能は「生まれか育ちか」という議論がありますが、山中教授はこんな話をしていました。

「昔から、生まれか育ちかとよく言いますけれども、やはり先天的なものだけでは、いろんな才能というのは説明できない。生まれてからの努力が大事だっていうのは、〝DNAスイッチ〟が関与している可能性が、今少しずつ示唆されています」

生まれ持ったDNA（第1部の〝トレジャーDNA〟も含む）だけでは才能の説明はつかず、育った環境や努力によって、〝DNAのスイッチ〟が変化することが重要だとわかり始めているのです。その話を聞いた、石原さとみさんの反応です。

「スイッチがあるということは、たとえば親が音楽の才能も運動の才能もなかったとしても、環境によって、自分の努力次第で、もしかしたらオリンピック選手になれるかもしれないとか、シンガーになれるかもしれないって可能性があるってことですよね。あー、夢がある！」

遺伝子の最新研究から言えるのは、鳶《とんび》が鷹《たか》を生むことはある、ということです。

スイッチを切り替える最先端の「がん撃退法」

こうしてＤＮＡの知られざる機能が解き明かされてきているわけですが、人間の知的好奇心というのはすごいもので、何かの仕組みがわかってきたら、それを応用するためにとんでもないことを考え始めます。

実は今、薬によって〝ＤＮＡのスイッチ〟を切り替えて、逃れられない運命を変えようという、最先端の研究が進められています。研究を行っているのは、前にも登場した、ジョンズ・ホプキンス大学のベイリン教授。〝ＤＮＡスイッチ〟のがんへの影響を突き止めた方です。

ベイリン教授らの研究グループは、スイッチのオンとオフにかかわる「ＤＮＡメチル化酵素」の働きをコントロールする、新たな薬を開発。それを、従来の治療法では効果の見られない、重い肺がん患者に投与する臨床試験に取り組んでいます。

その薬の仕組みは、ＤＮＡに直接作用するという、驚くべきものです。それをお伝えするために、第２章で説明した「〝ＤＮＡスイッチ〟とがんの関係」を少しおさらいすると……私たちの体の中では、細胞が異常に増殖してしまうことがあり、それを放っておくとがんになってしまいます。それを日々防いでくれているのが「がんを抑える遺伝子」であり、細胞の異常な増殖を抑える物質を作る働きを持っています。

しかし、がん患者の場合、何らかの原因（生活習慣や加齢など）で「がんを抑える遺伝子」がクチャクチャに折りたたまれてスイッチがオフになり、がんを発症した可能性があります。そして、そのカギを握っているのが「ＤＮＡメチル化酵素」。この酵素には、ＤＮＡを構成する塩基のひとつである「シトシン」にメチル基をくっつけて、スイッチをオフにする働きがあるということでした。

そこで、この「ＤＮＡメチル化酵素」の働きを抑え込むことによって、「がんを抑える遺伝子」のスイッチをオンに戻すことによってがんを治療しようというのが、ベイリン教授らが臨床試験を行っている新たな薬の仕組みです。その薬の名前は、「アザシチジン」と言います。

「アザシチジンを点滴によってがん患者の体内に投与すると、がん細胞までたどり着きます。そしてその中に取り込まれ、働かなくなっている『がんを抑える遺伝子』のスイッチをオンに戻すのです」

なぜそんな効果を持つかというと、実はアザシチジンは、DNAを構成する塩基のひとつであるシトシンとそっくりな化学構造をしています。そのため、がん細胞が分裂してDNAが複製される際に、なんとそのDNAの中にシトシンの代わりに取り込まれるのです。

すると、「DNAメチル化酵素」がやってきても、DNA（のシトシン）にメチル基をくっつけることができなくなり、その結果、DNAがクチャクチャに折りたたまれなくなります。つまり、「がんを抑える遺伝子」のスイッチがオフにならず、正常な状態を保てるというのです。こうすれば、遺伝子に書かれた設計図の情報を読み取ることができ、「がんを抑える物質」を作れるはずです。

私たちは、臨床試験を受けている肺がん患者のひとりに、主治医から途中経過が告げられる場面に立ち会わせていただきました。

「すばらしいニュースですよ。あなたのCTスキャンの画像を見たところ、幸いなことに、がんの進行が抑えられています。今行っている治療が、がんの進行を防ぐのに効果を上げているのです」

　現在行われている臨床試験はまだ途中の段階のため、確たることは言えませんが、最初に行われた臨床試験については結果が出ています。そこには、末期の肺がん患者45名が参加。そのうち、およそ3割の患者に効果が見られ、中には、腫瘍が完全になくなった人もいたのです。ベイリン教授が、その方のCTスキャンの画像を見せてくれました（169ページの写真）。

「ほら、この男性は最初の時点では、余命数ヵ月とされていました。左端の画像は、彼が薬の投与を受け始める前のもので、ここに矢印で示しているのが、がんです。大きくて白い塊です。それが、治療を始めると小さくなり始め、右隣の画像が2ヵ月後、隣が6ヵ月後、そして8ヵ月後にはほとんどが消えたのです。彼はフットボール観戦など、やりたいと願っていたことをできるようになりました。これは私たちにとって、希望をもたらす薬ですよ」

　このときのインタビューも含めて、ベイリン教授が何度も口にしていた「希望（hope）」という言葉が、強く印象に残っています。

　そう、もし愛する家族や親しい友人の病気が治ったら。あるいは、完治しないまでも症

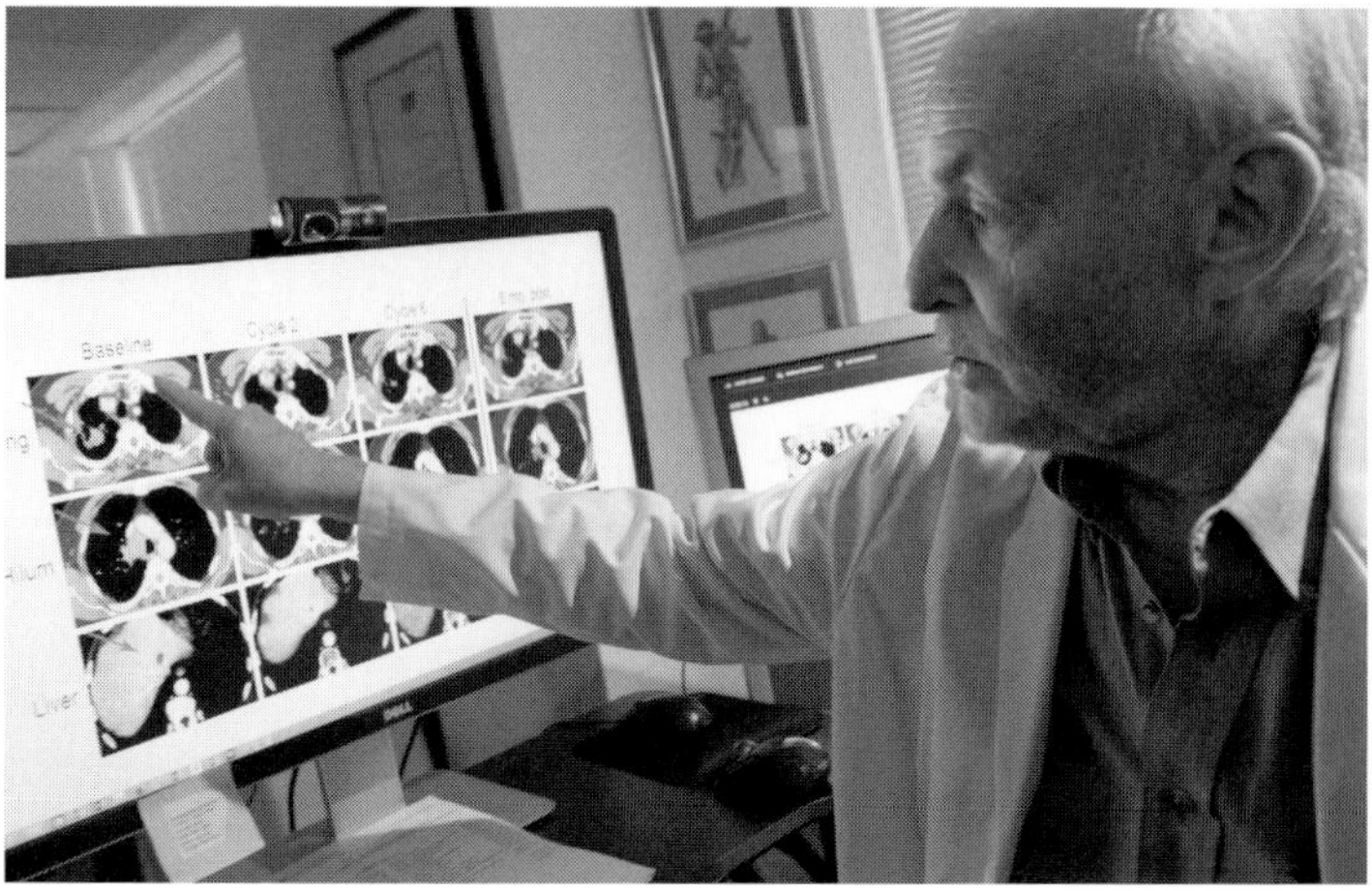

ベイリン教授は「がんを抑える遺伝子」のスイッチをオンにする薬を開発し、効果を説明する。

状が改善して、思い出の場所に行ったり、食べたいものを食べたり、残された大切な時間を穏やかにすごすことができたら——。

ちょうどこの原稿を書いていた２０１９年６月７日の夜、がんを患って闘病を続けていた伯母が、息を引き取ったという連絡を受けました。「運命を変えたい」と願うとき、やはり何よりも強い願いのひとつは、「病気を治したい」ということです。〝ＤＮＡスイッチ〟を切り替える新たな薬の開発が成功し、多くの患者に希望をもたらすことができるのか。今後の報告が待たれます。

ここでご紹介したアザシチジンという薬は、白血病（血液のがん）の一種とされる「骨髄異形成症候群」という病気でまず効果が確認され、現在、日本でもすでに治療薬として承認されています（ただし、このように注目の治療法ではあるものの、効果のない人や途中で効かなくなる人もいます。患者さんやご家族は、薬について医師とよく話し合って治療法を検討していただければと思います）。

他にも、アザシチジンとよく似た構造をした「デシタビン」という新たな薬も開発されています（日本では未承認）。これらの薬はどちらも「DNAメチル化酵素」の働きを妨げて、〝DNAのスイッチ〟をオンに戻す効果を持っています。

また、〝DNAのスイッチ〟を切り替える仕組みには、「DNAメチル化酵素」によるもの以外にも、「DNA脱メチル化酵素」「ヒストン・メチル化酵素」「ヒストン・脱アセチル化酵素」など、さまざまなメカニズムが存在することはすでにご紹介しました。

そのため、〝DNAのスイッチ〟を切り替える薬も、それらのメカニズムに応じたいろいろな種類のものが開発されつつあり、多くのがんに対する研究が世界中で進められています。

これらの薬は、「がんを抑える遺伝子」の働きを正常に戻すという、これまでにない作用を持つため、抗がん剤や免疫療法などの従来の治療法とも組み合わせるなどして、新たな治療効果を得られるのではないかと期待されています。

さて、ここまでは、〝DNAのスイッチ〟によって「自分の運命を変える」という話でしたが、さらに興味深い話が続きます。

なんと、自分の努力によって、自分だけではなく、「子や孫の運命まで変えられるかもしれない」ということがわかってきたのです。次の章では、研究者たちを驚かせていることのホットなテーマについてお伝えします。

第4章 子や孫の運命が変わる？ 〝精子トレーニング〟の衝撃

メタボを改善しないと子孫に遺伝!?

この章から、話題は大きく転換します。それは、あなたの努力や行動によって、あなた自身だけでなく、子や孫など次の世代の運命まで変えられるかもしれない、という話です。エピジェネティクスの研究で今最もホットなのが、「〝ＤＮＡのスイッチ〟は世代を超えて受け継がれるか」というテーマなのです。

従来の常識では、生まれた後にどんな経験をしようとも、生まれ持った遺伝子自体は変化しないため、それが子どもに遺伝することはないとされてきました。しかし、〝ＤＮＡスイッチ〟という後天的に変化する仕組みの発見によって、その常識が覆ろうとしています。さあ、研究の最前線ならではの、ワクワクする面白さを味わってみてください。

これまで取材や撮影で世界各地を訪ねてきましたが、〝おとぎの国〟デンマークの首都・コペンハーゲンの町並みは、その中でも最も美しいもののひとつでした。カラフルで愛らしい建物や重厚なゴシック様式の歴史的建造物が連なり、まるで映画のセットのようにさえ感じます。

その町並みに溶け込むような美しいキャンパスを構えるのが、デンマーク随一の名門・コペンハーゲン大学です。15世紀に設立され、童話作家のアンデルセン、哲学者のキルケゴール、そして物理学者のニールス・ボーアなど10人以上のノーベル賞学者を輩出。現在もさまざまな分野で、世界トップクラスの先進的な研究が行われています。

中でも今、世界中が注目する野心的な研究を行っているのが、フランス出身のロマン・バレス教授です。バレス教授の研究テーマをひと言で言うと、現代病の最たるものである「メタボの予防」。そこにエピジェネティクス、〝DNAスイッチ〟の面からアプローチしています。

その実験の様子は、次のようなものです。大学の研究フロアの一角、運動器具が並ぶトレーニングルームでは、子作りに励みたいと考えている若い男性たちが必死に自転車をこいでいます（175ページの写真）。彼らが行っている運動は、いわば〝精子トレーニング〟です。有酸素の持久運動を、毎日1時間、6週間にわたって続けます。

精子トレーニングと言っても、ただ単に、男性たちが健康になることで精子を元気にしようというわけではありません。子作り前のいっときだけ、ダイエットによって自らのメタボを改善。同時に、精子の中の「メタボにかかわる〝DNAスイッチ〟」を、健康な状態に切り替えて、生まれる子どもに遺伝させようというのです。自転車をこいでいるメタボ気味の男性いわく、

「父親になる日に備えて、自分の生活を見直していきたいと思います」

しかし実は、今までの科学の常識では、こんなふうに親の〝DNAスイッチ〟の状態が子どもに遺伝するというのは、ありえないとされてきたことなのです。なぜなら精子は、これから受精卵になって、脳の細胞や筋肉の細胞など、体を形成するあらゆる細胞に変化していくもの。そのため、精子の〝DNAのスイッチ〟は受精に備えて、いったんすべてリセットされてニュートラルな状態になると考えられてきたからです。

つまり、食べすぎて太ろうが、体を鍛えて筋肉をつけようが、勉強して賢くなろうが、親の〝DNAスイッチ〟の状態は一代限りのもの。次の世代には、決して引き継がれないとされてきたのです。

これは科学の世界では常識中の常識とされる、有名な遺伝の法則にかかわる話で、専門

“精子トレーニングの研究”。メタボが遺伝しないよう運動に励む若い男性たち。

的には「獲得形質は遺伝しない」という言い方をします。

獲得形質というのは、私たちが生まれた後に獲得した（身につけた）性質や体質、能力などのことで、そうした形質が子孫に遺伝することはない、というのが従来の科学の常識なのです。

この話の裏には、「進化論」における歴史的な論争があります。

19世紀のフランスの著名な博物学者であるジャン＝バティスト・ラマルクという人物は、進化の法則のひとつとして「獲得形質の遺伝」を唱えました。「ある個体が環境の影響によって獲得した形質は、生殖による新しい個体（つまり子ども）に保持され、その形質は次第に同種のほかの個体にも共有されていく」という考え方です。

これを「キリンの首がなぜ長いか」という進化のたとえ話で表現すると、「高い木の上にある葉っぱを食べようとして首を伸ばす→首が少し長くなる→その特徴が子どもにも遺伝する→これがくり返されてどんどん首が伸びていく→首が長いほうが生存に有利なため、キリンという種全体に広がっていく」ということになります。

それに対して、１８５９年にチャールズ・ダーウィンが発表したのが、あの「種の起源」です。その中でダーウィンが唱えたのは、「自然選択による適者生存」という新たな進化の法則でした。これを先ほどと同じく「キリンの首がなぜ長いか」というたとえ話で言うと、「首の長さは個体によって異なる（ばらつきがある）→その違いに応じて、生存して子どもを残す能力に差が生じる→首がより長くて有利な個体が生き残り、子孫を増やしていく→それがくり返されて広がり、やがて首の長い新たな種が生まれる」ということになります。

ダーウィンがこの説を発表した当時は、まだＤＮＡや遺伝子は発見されておらず、「神様が創造した人間を、下等なサルから進化したと主張する不届き者」などと非難されることもありました。

しかし、20世紀に入ってついにＤＮＡが発見され、突然変異などの遺伝のメカニズムが明らかになり、ダーウィンの進化論は揺るぎない定説となったのです。それを今、私たちは教科書で習っているわけです。

かくして名声を獲得したダーウィンとは逆に、ラマルクは、「獲得形質の遺伝」という誤った学説を唱えた愚かな学者という、不名誉な烙印を押されることになりました（この話は、「天動説と地動説」などと並んで有名な科学論争のひとつです）。

しかし今、決着したはずの論争に、再び火がついています。その中心にあるのが、エピジェネティクスの最先端の研究によって見いだされつつある、「〝DNAスイッチ〟を介した獲得形質の遺伝」という現象なのです。

タブー視されるほど否定された「獲得形質の遺伝」に手を出すというのは、研究者人生に傷を負いかねないため、なかなか勇気のいることです。でも、先ほどのコペンハーゲン大学のバレス教授たちは、〝精子トレーニング〟などの研究に果敢に挑み、世界を驚かせています。

「この分野の研究は、従来の常識を覆す非常に新しいものなので、驚きをもって迎えられたと思います。親から子に遺伝情報を伝える唯一の方法はＤＮＡであり、そのＤＮＡは後天的には変化しないため、『獲得形質の遺伝』はどうやっても起こり得ない。それが科学界の長年の〝教義〟であり、今でも支配的な見方ですからね。ところが、DNAのスイッチは親の経験に応じて、後天的にも変化することがまずわかりました。さらに、受精に備えてリセットされると考えられてきたスイッチの変化が、一部ではリセットされずに残る可能性が明らかになり、様相は一変しつつあるのです」

こうした「〝DNAスイッチ〟を介した獲得形質の遺伝」に関する研究は、ここ5年ほどで急増しています。それらの研究の中で、必ずと言っていいほど引用されている、ひとつの古い論文があります。その論文のタイトルは、「心血管疾患と糖尿病による死亡率が、両親や祖父母の成長期の栄養状態によって決まる」というものです。ことの始まりは、2002年。スウェーデン北部の村で見いだされた、謎の現象でした。

発端は、北極圏にある村で起きた〝早死に〟

スウェーデンの首都・ストックホルムから北におよそ1000キロ。フィンランドとの国境に近い北極圏に位置する、エベルカーリクスという村があります。エベルカーリクスというのは「カーリクス川の上流」を意味し、村は長いあいだ、周囲から隔絶された地域でした。

私たちが訪れた12月上旬の日照時間は、10時から14時くらいという短さ。ドローンで上空から撮影すると、村を囲むように分岐して流れる川は凍りつき、まさに陸の孤島という感じでした。

この村で疫学調査を行い、のちに有名になる論文を発表したのが、カロリンスカ研究所のラース・オロフ・ビグレン教授です。実はビグレン教授自身がこの村の出身で、今も親戚が暮らしています。

なぜ生まれ故郷で研究を行ったのか尋ねると、「自分の足元を掘ってみたのです」という独特の言い方をしていました。でもそこには、もちろん科学的な理由があります。この地域は地理的に孤立しているため、人の出入りが少なく、遺伝的にも孤立してきたこと。そして、村人全員の出生や死亡、家族関係などのデータが克明に記録されていること。さらに、豊作や凶作など、村人の栄養状態に関するデータが１００年以上前から詳しく記録され、保存されていることなど、疫学調査にうってつけの場所だったのです。

ビグレン教授はそれらのデータを使って、村人の栄養状態と健康の関係についてさまざまな分析を行い、謎の現象を発見しました。

それは、ある特定の条件によって、村人の平均寿命が大きく変化するということでした。寿命が短い人たちの死因を調べてみると、その多くは、メタボが原因と見られる心血管疾患（心筋梗塞など）や糖尿病を発症し、40代前後を中心とする若さで亡くなっていたのです。

なぜそんなことが起きるのか。ビグレン教授が調査によって明らかにしたのは、病気になった人たちに、ひとつだけ「不思議な共通点」があるということでした。

「早死にした人々の祖父の代が、ちょうど成長期のころに、大豊作を経験していたのです。昔はこの地域は孤立していて、食料を貯蔵する冷蔵施設もありませんでしたから、収穫した食料は傷む前にすべて自分たちで食べ尽くしていました。そうした祖父の代の『食べすぎ』という経験が、孫の代にまで影響をおよぼすという、とても興味深い現象が起きたようなのです。これが事実であれば、教科書でも否定されている『獲得形質の遺伝』が起きたことになります。私もにわかには信じられない不思議な研究結果でしたが、疫学的には、確かにそのような現象が見いだされたのです。当時、私の論文はなかなか受け入れてもらえず、注目されることもなく、切ない思いをしましたけどね」

この研究が行われたのは、今から15年以上も前のこと。そのため、私たちが訪れたときには、撮影できるものはほとんどありませんでした。しかし非常に幸運なことに、同行してくれたビグレン教授の協力も得て、まさに「不思議な共通点」に当てはまる村人を見つけることができました。

カールソン家の祖父ソーレンさんと息子、孫。先祖からメタボ体質を受け継いだ可能性もある。

1931年生まれの、ソーレン・カールソンさんです（上の写真、左端）。村に残っていた家系図の記録をたどると、ソーレンさんの父親・ニールスさんが生まれたのは1900年。さらに、祖父・エリックさんが生まれたのは1860年。ビグレン教授の調査によると、そのエリックさんがちょうど10歳のころ、1870年と71年に、10年に一度の大豊作を経験していました。

そして、孫にあたるソーレンさんは長年、高血圧を患っており、心筋梗塞を発症。心臓のバイパス手術を受けて、なんとか一命を取り留めたそうです。

「急に痛みに襲われて、動けなくなりました。なぜなったのか、思い当たる節がなくて驚きました。関係あるかどうかわかりませんが、私の同級生の中にも、20代で心臓病によって亡くなった人や、40代で心筋梗塞になり、バイパス手術を受けた人もいました」

また、ソーレンさんの息子のロバートさんも、心筋梗塞にかかってバイパス手術を受けており、さらに孫にあたるエミルくんも、10代にしてメタボの兆候を見せていました（181ページの写真）。ビグレン教授の研究で調べられたのはソーレンさんの代までの3世代なので、それ以降の子孫の因果関係は不明ですが、なんとも気になる状況ではあります。

科学界の常識を覆す「〝DNAスイッチ〟の遺伝」

ビグレン教授の不思議な研究結果が発表されてから、およそ10年。2010年代になって、エピジェネティクスの研究が大きく進展するにしたがい、風向きが変わり始めました。マウスなどの動物実験によって、こうした遺伝現象が本当に起こりうることが確認され始めたのです。

たとえば、オーストラリアのアデレード大学の研究者たちが行ったのは、いわば「祖父の代の豊作の状態」を再現したマウスの実験です。

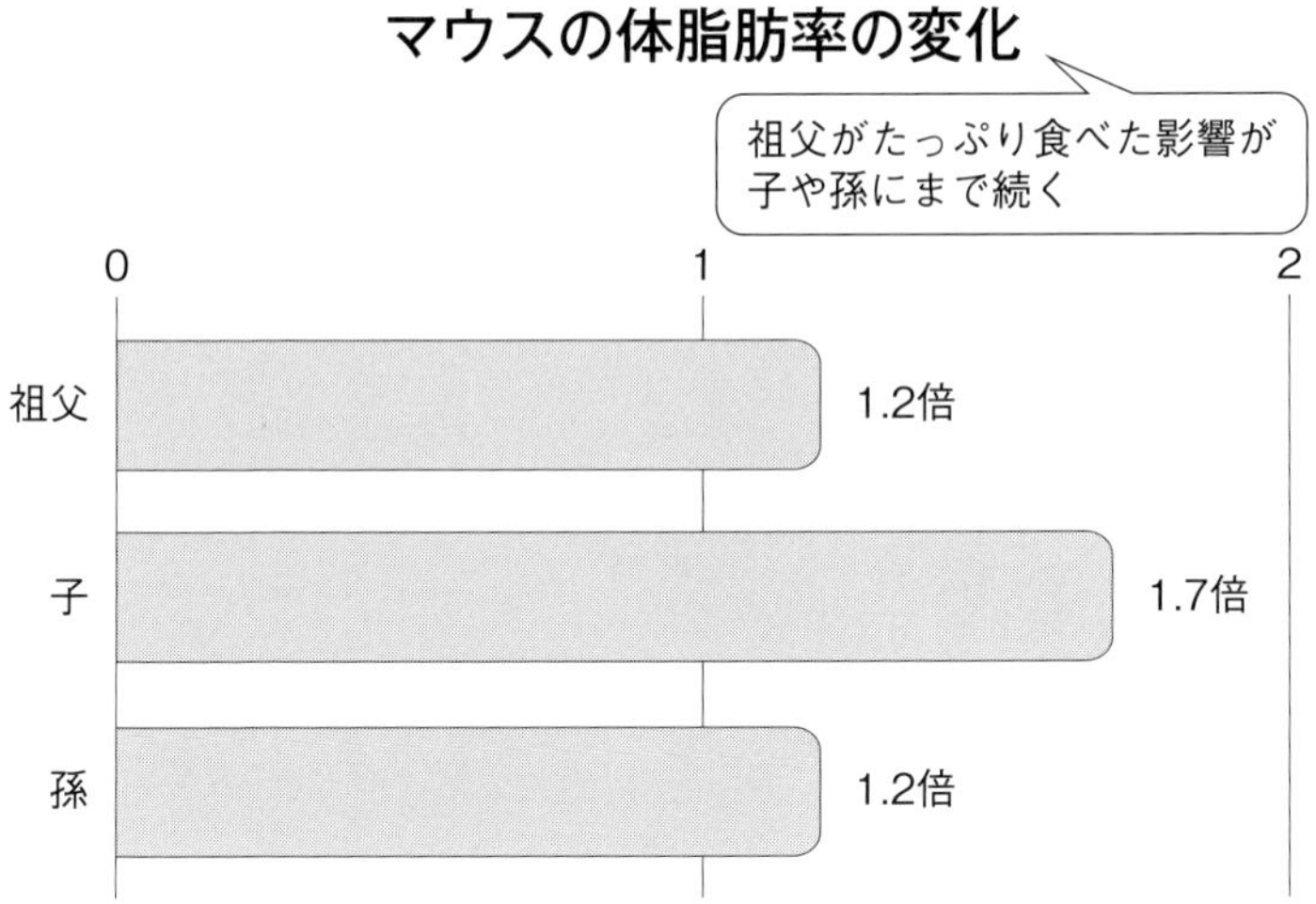

出典 Fullston T, et al. FASEB J.(2013)

まず、祖父の代にあたるマウスに、カロリーたっぷりのエサを与え続けると、体脂肪率がおよそ1・2倍の、肥満体質のマウスになります。次にその子どもには、カロリーが少ない通常のエサを与えます。それにもかかわらず、なんと体脂肪率はおよそ1・7倍にまで増加。さらに孫の代も、通常のエサを与えているにもかかわらず、体脂肪率がおよそ1・2倍に増加したのです。

つまり、上のグラフのように、祖父の代が食べすぎると、その子や孫は、普通に食べただけで太る、肥満体質を受け継いでいたのです。これはまさに、ありえないとされてきた「獲得形質の遺伝」にあたります。

こうした最近の動物実験を含むさまざまな事実を踏まえて、コペンハーゲン大学のバレス教授は、エベルカーリクス村で起きた不思議な現象の裏には、「〝DNAのスイッチ〟を介したメカニズム」があるのではないかと仮説を立てています。

まず、祖父の代が豊作で食べすぎたことで、一時的に、メタボを招く状態にDNAのスイッチが変化。その変化が、精子の中のDNAスイッチでも同様に起こります。そして、それが精子で運ばれ、子どもに、さらに孫にまで遺伝。しかも、世代を超えて受け継がれたDNAスイッチの状態は変化しにくくなり、子孫の「一生の体質」を決定づける可能性があるのではないかと考えたのです。

バレス教授は仮説を証明するために、やせた男性10名と、太った男性10名から精子を採取。最先端の技術を駆使して、精子に含まれる〝DNAスイッチ〟の状態を解析しました。

精子のどこにDNAが入っているかというと、それは頭の部分です。最新の電子顕微鏡を使って、精子が作られる場所である「精巣」を高精細にとらえた画像を見ると、精巣の管（精細管）の中に無数の精子が詰め込まれています。そして、精子の頭の部分を断面で輪切りにすると、そこにギュッと凝縮されたDNAが入っているのを見ることができます。

果たして、その〝DNAのスイッチ〟の状態はどうなっているのでしょうか？

詳しい解析の結果、太った男性の精子では、やせた男性と比べて「メチル化」の程度の変化が大きく、リセットされていない〝DNAスイッチ〟が、少なくとも2種類あることがわかりました。それはなんと、「食欲を増す」スイッチと、「脂肪をためる」スイッチだったのです。まさに「メタボにかかわる〝DNAスイッチ〟」が、精子の中でも変化していることを示していました。

ただし、これだけではまだそのスイッチの変化が遺伝することを証明したことにはならず、同様の変化が実際に子や孫の体の細胞でも起きていることを確認する必要がありますが、人間ではまだ検証されていません。それも動物実験では部分的に確認され始めています。「DNAスイッチを介した獲得形質の遺伝」というジグソーパズルのピースが今まさに、ひとつずつそろいつつあるのです。

「これは衝撃的で、刺激的な実験結果です。あのラマルクが唱えた進化説のように、親が経験によって獲得した形質の一部が、次の世代に遺伝することがありうるとわかったのですから。今までに確かめられた事実からすると、食事や運動などの経験の一部が、精子の〝DNAスイッチ〟を介して受け継がれ、子どもの健康に影響を与えると考えられます。どうしたら次の世代によい影響をおよぼすことができるのか、遺伝学の最新の知見を踏まえて、私たちは考える段階に入っているのかもしれません」

そこで、バレス教授が研究しているのが、あの〝精子トレーニング〟。これまでの研究で、太った人が運動などによって、実際に精子の〝DNAスイッチ〟を健康な状態にできうることがわかってきました。つまり、努力しだいで、子や孫がメタボ体質を受け継ぐのを防ぎ、「負の連鎖」を食い止められる可能性があるのです。

そう、あなたの体には、自分の運命だけでなく、まだ見ぬ子孫の運命をも、左右する仕組みが秘められているのです。

この話を受けて、山中教授はこう語っていました。

「これはかなり挑戦的な仮説です。私たちの常識では、精子ができるところで、全部〝DNAスイッチ〟の記憶というのは消えて、いったんニュートラルになると考えられてきました。最新の研究によると、その一部が残っている可能性が示唆されています。もしこれが正しかったら、今までの教科書をだいぶ書き換えないといけません。それくらいの驚きです」

そして、タモリさんいわく。

「遺産相続よりも、遺伝相続のほうが大事になってくるかもしれませんね」

ちなみに、女性の場合はどうなのでしょうか？　山中教授が教えてくれました。

「卵子と精子ではだいぶ作られる時期が違います。男性の精子は常に作られていますが、卵子は女性が生まれた段階からほぼできているんですね。赤ちゃんも卵子を持っていて、それが思春期になって毎月1個ずつ排卵されます。ですからトレーニングしようとしても、卵子ができる段階でスイッチもある程度決まっていると考えられます。ただし、女性の場合、ほぼ間違いなく言われていることは、妊娠中にお母さんが何らかの理由で十分に食事をとらないと、子どもさんに50年くらいたってから影響が出ます。糖尿病や心筋梗塞になる率が上がるということは、いろんな調査から知られています。そこにも恐らく、何らかの〝DNAスイッチ〟が関与していると考えられています」

女性の場合、妊娠中に過度なダイエットなどをすると、胎児の〝DNAスイッチ〟に悪影響を与える可能性があるため、注意が必要です。

なぜ〝DNAスイッチ〟を遺伝する必要があるのか？

最先端の研究によって明らかになってきた、「〝DNAスイッチ〟の遺伝」。この仮説に対しては研究者のあいだでもまだ意見が分かれていますが、もしこれが本当なら、ラマルクの進化説の見直しにつながり、まさに教科書を書き換えるような発見です。

それにしても、なぜ〝DNAのスイッチ〟を、子孫に引き継ぐ必要があるのでしょうか。実は、こんなふうに考えられています。

人類の祖先はずっと、いつ飢餓に襲われるかわからない状況にいて、食べられるときにできるだけ食べておいたほうが、生き残りに有利でした。そのため、周りの環境に食料がどのくらいあるかという情報を、次の世代に伝える仕組みが備わっているのではないかと。「今は食料が豊富な千載一遇のチャンスだから、食欲をアップしてたくさん食べて、できるだけ体脂肪などとして蓄えておき、その後の飢餓に備えなさい」と、情報を〝DNAスイッチ〟によって子孫に引き継ぐということです。


さらに、〝DNAスイッチ〟の遺伝に関する最新研究として、こんな驚きの報告がありま す。それはいわば、「恐怖の経験が遺伝する」というものです。

この研究はマウスを使った実験で、まず親の世代に、ある特定の匂いを嗅がせた直後に電気刺激を与え、少し怖い経験をさせることをくり返しました。すると、あらかじめ危険を察知するために、その特定の匂いを感知する「嗅覚にかかわる〝DNAのスイッチ〟」が変化。そして、それが子どもや孫にまで引き継がれて、同じ匂いを少し嗅いだだけでも、身をすくめて怖がるようになったそうです。

これも、「危険についての情報」を次の世代に伝えることで、生存に有利になるということなのではないかと考えられています。はるか昔、言葉もなかった時代から、私たち人類の祖先は、〝DNAのスイッチ〟という形で子孫に〝メッセージ〟を残してきたのかもしれません。

この章の最後に、科学の研究における「真実」について少し書きたいと思います。

ダーウィンの〝勝利〟と、ラマルクの〝敗北〟によって決着したと受け止められている、進化論をめぐる科学論争。実は、当のダーウィン自身はラマルクを完全否定はしておらず、「種の起源」の中で先行研究であるラマルクの進化説についても触れ、その先見の明を評価さえしています。

また逆に、今後の研究の進展によってラマルクの唱えた「獲得形質の遺伝」が一部で復活したとしても、ダーウィンの進化説が否定されるわけではありません。私たちはつい「白か黒か」の明確な答えを求めがちですが、真実はそのあいだの領域、グレーゾーンにあることのほうが多いのではないでしょうか。

そして、現時点で真実や常識とされていることは、正確には、現在の科学技術レベルで知りえた「最も真実に近いと考えられるもの」と言えます。将来、新たな研究が登場するたびに、その真実は更新されていきます。

第1部で、かつてゴミだと考えられていた「ジャンクDNA」が、実は宝の山である〝トレジャーDNA〟だとわかってきたように。ですから、科学の研究というのは、唯一無二の「正解」にたどり着くことではなく、「終わりなき探究」を続けるプロセスそのものなのだと思います。

取材をしていると、偉大な発見をした研究者ほど、そうしたことを認識していて、「真実」の前に謙虚な姿勢になるのだなと感じます。私たちもそんな謙虚な姿勢をもって、何ごとにも、安易に正解を求めすぎることのないようにしたいものです。

第5章 宇宙にも適応!? 「未来を生き抜く」仕組み

NASAが手がけるリアル「宇宙兄弟」の研究

知れば知るほど深遠な、DNAスイッチの世界。こうした仕組みが、なぜ私たちの体に備わっているのか。その本当の意味が、NASAなどが行った最新の研究で明らかになってきました。

2016年3月1日のことです。前述のように、人類が初めて手にする貴重なサンプルを乗せた宇宙船ソユーズが、カザフスタンの大草原にパラシュートで舞い降りました。無事に着陸した機体から出てきたのはNASAの宇宙飛行士、スコット・ケリーさん。国際宇宙ステーションでの340日間におよぶ長い滞在を終えて、母なる地球に戻ってきました。

貴重なサンプルは宇宙空間での長期滞在中に採取した血液。その中には自らのＤＮＡのスイッチが含まれています。

マーク・ケリーさんという一卵性双生児の兄も同じくＮＡＳＡの宇宙飛行士ですから、宇宙飛行士の兄弟が主人公の人気漫画を地で行くというわけです。

このケリー兄弟を研究対象にしたツイン・スタディ（双子の研究）というプロジェクトでは、生物学や遺伝学、心理学などのさまざまな分野の研究者が共同で、ケリー兄弟の比較分析を行います。そのうち、エピジェネティクス分野の研究は次のようなものです。

まず、スコットさんが宇宙に行く前と後で、〝ＤＮＡのスイッチ〟がどう変化したかを調べます。さらにその変化が、地球に残った兄・マークさんのＤＮＡには起きていないことを確認することで、宇宙で起きた変化だけを、厳密に確認できるのです。スコットさんにインタビューすると、こんなふうに語っていました。

「実は、このツイン・スタディを最初に提案したのは、私自身なんですよ。一卵性双生児の宇宙飛行士のＤＮＡを比べるというのは、ＮＡＳＡにとっても史上初のケースです。私と兄を比較して得られるデータに、大きな期待が寄せられました」

余談ですが、撮影の合間に話をしていると、スコットさんのもとには世界中のメディアから取材の申し込みが殺到していました。しかし、多忙のためほとんどは断っているそう

です。ではなぜ私たちの取材だけ受けてくれたのか、と尋ねると……、
「君たちから依頼が届いたときに、ちょうどうれしい出来事があって、ものすごく気分がよかったんだ。それでつい、オーケーしちゃったんだよ。君たちは本当に運がいいね」
とのことでした。まあ、取材には、運も必要ということです。

宇宙で起きた劇的な変化とは?

ツイン・スタディに参加して、DNAスイッチの分析を手がけた責任者が、ニューヨークにあるウェイル・コーネル医科大学のクリストファー・メイソン准教授。これまでもNASAとの共同研究を行ってきた、若き俊英です。メイソン准教授の研究室の奥には、液体窒素で冷凍されたケリー兄弟の血液サンプルが厳重に保管されていました。

実は私たちが訪ねたタイミングは、研究成果を載せた論文がまだ発表される前でしたが、メイソン准教授の親切心のおかげで、その内容の一部を幸運にも撮影させてもらうことができました。宇宙に滞在したスコットさんのDNAに起きた変化を、詳しく分析した結果を見せながら、興奮気味に話してくれました。

「ほら、見てください! 大きな変化が起こっています。スコットさんが宇宙にいるあい

だに、何千もの〝DNAのスイッチ〟が劇的に変化しているのです。こんな驚くべき現象は、見たことがありませんよ」

メイソン准教授の分析によると、スコットさんが宇宙にいる340日のあいだに変化していた〝DNAスイッチ〟の数は、9000以上。特に注目の変化として挙げてくれたのが、2種類のスイッチについてで、実に興味深い現象が起きていました（口絵Ⅷページの写真）。

宇宙では強力な放射線が降り注ぐため、DNAに傷がつきやすく、がんなどのリスクが増す可能性があることがわかっています。それにあらがうように、スコットさんの体の中では、「DNAの損傷を修復する」スイッチがオンになっていました。

また、国際宇宙ステーションの中、無重力空間では、次第に骨がもろくなっていきます。それを防ごうと、「骨を作る物質を増やす」スイッチがオンになっていました。

こうした〝DNAのスイッチ〟が同時に変化することは、過酷な宇宙環境ならではの現象で、地球上では決して起きません。この研究結果を知ったスコットさん本人は、こんな感想を語ってくれました。

「私の体の中のDNAは、宇宙空間という極限の環境に耐えるため、スイッチを切り替え、必死に適応しようとしていたわけですね。想像以上に、私たち人間の体は賢いようです。〝DNAのスイッチ〟を切り替えることで、まったく新しい環境に適応できるのですから」

そして、分析を行った、メイソン准教授の言葉です。

「驚くべきことに、人体は、これまで一度も経験したことのない宇宙という環境にも、なんとか適応しようとします。〝DNAのスイッチ〟は、そうした未知の環境にもすばやく適応し、生き抜くために備わった仕組みなのです。これから先、私たちが新たな世界に踏み出したとき、きっとその挑戦を助けてくれることでしょう」

われわれ人類を生き延びさせたスイッチ

行ったこともない宇宙にも適応しようとするなんて、人間の体は、本当に無限の可能性を秘めています。私たち人類の祖先はこれまで、激しい気温の変化や、まったく食べ物のない飢餓状態など、急激な環境の変化に、体ひとつで立ち向かってきました。そんなとき、1世代のうちにすばやく、柔軟に変化する〝DNAのスイッチ〟という仕組みのおかげで、なんとか逆境を乗り越え、生き延びてきたと考えられています。そして、今の、人類の繁栄がある——。

そう考えると、遺伝子というのは、神様が私たちの運命を支配するために作ったものじゃなく、私たちの人生に寄り添ってくれる、頼もしい伴走者なのかもしれません。今回の取材を通じて、私のDNAに対する世界観は、そんなふうに変化しました。

番組に出演したみなさんの感想です。

石原さとみさん「いろんなことに挑戦して、もしかしたら自分がさまざまなことに対応できる体になっていくかもしれないと考えると、すごく面白いなと思います。なんか〝DNAのスイッチ〟って『味方』な感じがするというか、自分の中で寄り添ってくれているものな気がします」

阿部サダヲさん「人間ってそんなに変われるんだなっていうか。自分の経験とか、食事だったり、運動だったりで。すごいですね。スポーツとかもどんどん記録が塗り替えられていますし、人間はどんどん変わっていくんでしょうね。楽しいですね」

タモリさん「遺伝子の番組をやって思ったのが、前回の人体シリーズにも増して、われわれはすごいことをやっているんですね、体の中で（これが一個一個の細胞全部に入って、それが40兆個ですから）。生きているだけで、奇跡みたいなことですよね」

山中教授「想像ですけれども、人類の歴史を見ると、ものすごい環境の変化があり、そういう中で生き残っていくためには、進化のスピードが速くないと追いつかない。そのときに役に立ったのが、〝DNAスイッチ〟。長い時間をかけて環境に適応する『進化』と、短期間の環境の変化を乗り越える〝DNAスイッチ〟の組み合わせで、人類は生き延びてきたと考えられます。こうしたものすごいメカニズムのおかげで、私たちが生き残って、今地球上でいちばん偉そうな顔をしているわけです。〝DNAスイッチ〟というのは、まだまだ本当に大きな可能性があるなと感じています。私たち科学者は、自分たちのやっていることが人類にとってよい方向に働くことを願っているんですけれども、使い方を間違えないように、ぜひ賢い使い方をしていきたいと思います」

第1章の冒頭で、今回のNHKスペシャルの取材でくり返し尋ねた質問がある、と書きました。「私たちは自分の運命を変えられると思いますか?」というものです。最後に、この質問に対する答えの中から、最も印象に残ったふたつをご紹介したいと思います。

ひとつは、エピジェネティクスの世界的な研究者、ベルヴィジ生物医学研究所のマネル・エステラー教授の言葉です。

「私たちの運命の一部は、遺伝子で決まりますが、それはポーカーをしているようなものです。よいカードが配られたとしても、負けることもあるし、その逆もあります。運命のスイッチは、あなたが握っているのです」

もうひとつは科学者ではなく、運命が大きく分かれた一卵性双生児の姉。自分だけが乳がんを発症した、モニカ・ホフマンさんの言葉です。

「私たちはみんな、自分の将来や進むべき道を自分で切り拓いて、運命を変えられるものだと思うわ。残念ながら、がんになってしまったことは変えられないけど、その後の道は自分で選んで、どんな人生にしたいかを決められると、信じているの」

日本で始まった小児がんを抑える研究

私たちの体の内なる神秘、遺伝子。その仕組みを解明して運命を変えようと、今も世界中で、さまざまな研究がくり広げられています。

2018年10月、日本でも、新たな挑戦が始まりました。それは、国内でおよそ7000人の患者がいるとされる、小児がんの子どもたちのための研究です。

まだ詳しいメカニズムは不明ですが、小児がんの患者の多くは、「がんを抑える遺伝子」のスイッチが、なぜかオフになっていることがわかってきました。そこで、大阪市立総合医療センターの原純一先生や国立がん研究センターの牛島俊和先生などが中心になって、そのスイッチをオンに戻す薬の臨床試験を、3年かけて実施。病気の子どもたちを救おうというのです。

臨床試験を受けている3歳の男の子と、そのお母さんが、こんなふうに話していました。

お母さん「みんなが使える治療になったらいいな、というのはあります。(治ったら)お出かけする？　電車乗る？」

男の子「でんしゃ、のる」

もしこの子のささやかな願いが叶い、大好きな電車に乗ることができたら。私たちにとって、それ以上に大切なことなどないと思います。

体の奥底に潜む、命の設計図「遺伝子」。

親から子へ。

さらに、そのまた子へ。

精密でしなやかな仕組みが、私たち人類の、未来を生き抜く力につながっているのです。

iPS細胞の作製という最先端技術を生み出した
当事者である山中伸弥さんと、
番組では触れられていない生命科学のリスクについて語り合うため、
NHKスペシャル「シリーズ人体Ⅱ遺伝子」の制作統括・浅井健博が、
京都大学iPS細胞研究所を訪れた。

第3部

山中さん、生命科学の危険性とは何ですか？

特別対談　山中伸弥×浅井健博

「人類は滅ぶ可能性がある」

「人類は滅ぶ可能性がある」――これは今回の番組の収録中、司会の山中伸弥さんがつぶやいた言葉である。

私たち取材班は、番組を通じて、生命科学の最前線の知見をお伝えした。どちらかといえば、その内容は明るく、ポジティブな未来像を描くものだった。それだけに私（浅井）は、山中さんの踏み込んだ発言に驚かされたが、同様の不安を視聴者も感じていたことを後に知った。Ｔｗｉｔｔｅｒや番組モニターから寄せられたコメントの中に、未来に期待する声に交じって、生命科学研究が際限なく発展することへの漠然とした恐れや、技術が悪用されることへの不安を指摘する意見も含まれていたからだ。

それにしても「人類が滅ぶ可能性」とは、ただごとではない。山中さんは日本を代表する生命科学者であり、ｉＰＳ細胞の作製という最先端技術を生み出した当事者でもある。だからこそ生命科学が、人類に恩恵をもたらすだけでなく、危険性も孕んでいることを誰よりも深く認識しているのではないか。そう考えた私は、山中さんの話を聞くため、京都大学iＰＳ細胞研究所（ＣｉＲＡ）の所長室を訪ねた。

第1章 ゲノム編集は人類への影響すら未知数

「こんなことまでできるのか」

浅井 まず今回の番組の感想をお聞かせください。山中さんのご研究と関連して、興味を持たれたところ、面白いと感じられたところはございますか?

山中 番組で扱われた遺伝子やゲノムは、僕たちの研究テーマですから、内容の大半に馴染みがありました。しかし、DNAから、顔の形を予測する技術には、正直、ビックリしました。

浅井 どのあたりに驚かれたのですか?

山中 研究の進展のスピードです。僕の予想以上のスピードで進んでいる。番組の台本をいただく前に、取材先の候補とか、番組の中でDNAから顔を再現するアイデアをあらかじめ教えていただきましたね。その段階では、DNAからの顔の再現は、将来は実現可能だとしても、まだしばらく無理だろうと思っていました。しかしその後、関連する論文を自分で読んだり、実際に映像を見せていただいたりして考えをあらためました。「こんなことまでできるのか」と。僕たちも、以前は自分の研究とは少し異なる分野の関連する論文も読んでいましたが、今は数が多くなりすぎて、とてもすべてをフォローできません。番組のもとになった、中国の漢民族の顔の再現の研究についてはまったく知りませんでした。もっと勉強しないとダメだと思いましたね。

浅井　今回の番組をご覧になった視聴者の方が寄せた声から、研究の進展のスピードや精度の向上が大きな驚きを持って受け止められたことがわかりました。一方で、「悪用も可能ではないか」「遺伝子で運命が決まるのではないか」と不安や恐れを感じられた方もいました。山中さんは、こういった技術に対する脅威あるいは危険性を、どう考えておられますか?

山中　以前はDNAの連なりであるゲノムのうち2%だけが大切だと言われていました。その部分だけがタンパク質に翻訳されるからです。ところが、タンパク質に翻訳されない98%に秘密が隠されていると、この10年で劇的に認識が変わりました。ジャンク(ゴミ)と言われていた部分にも、生命活動に重要な役割を果たすDNA配列があることが明らかになったのです。さらにDNA配列だけでは決まらない仕組み、第2部で登

場したＤＮＡメチル化酵素のような遺伝子をコントロールする、いわゆるエピゲノムの仕組みの解明も急速に進みました。ｉＰＳ細胞も遺伝子を導入して作りますが、そのときエピゲノムに大きな変化が起こって細胞の運命が変わります。ですから、最先端の生命科学研究のひとつひとつを詳しくフォローできないまでも、その研究の持つ意味については、僕もよく理解していたつもりです。もちろん理解できることは大切ですが、それだけでは十分ではありません。すでにゲノムを変えうるところまで技術が進んでいるからです。宇宙が生まれて百数十億年、あるいは地球が生まれて46億年、生命が生まれて38億年、その中で僕たち人類の歴史はほんの一瞬にすぎません。しかしそんな僕たちが地球を変え、生命も変えようとしている。長い時間をかけてできあがったものを僕たち人類は、今までになかった方法で変えつつある。よい方向に進むことを祈っていますが、一歩間違えるととんでもない方向に行ってしまう。そういう恐怖を感じます。番組に参加して、研究がすさまじい速度で進展することのすばらしさと同時に、恐ろしさも再認識しました。

外形も変えられ病気も治せるが……

浅井　番組の中では、どこまで最先端の科学が進んでいるのかをご紹介しました。それは、私たち素人にとってもとても興味深い内容でした。中でも、先ほど山中さんがおっしゃったゲノムを変える技術について、おうかがいしたいと思います。ゲノムを人為的に変える技術は昔からありましたが、最近になってゲノム編集と呼ばれる新しい技術が登場して、従来よりも格段に簡単にゲノムを改変できるようになりました。この技術に注目が集まると同時に、生命倫理の問題も浮上しています。

山中　ゲノム編集は、力にもなれば、脅威にもなると思います。僕たちの研究所でも、ゲノム編集を取り入れていますが、ゲノムをどこまで変えていいのかという問題に、僕たちも今まさに直面しています。

浅井　ゲノムを辞書にたとえると、自由自在に狙った箇所を、一文字単位で書き換えられるのが、ゲノム編集ですね。２０１２年に、アメリカ・カリフォルニア大学バークレー校のジェニファー・ダウドナ教授とスウェーデンのウメオ大学のエマニュエル・シャルパンティエ教授らの共同研究チームによって開発された「ＣＲＩＳＰＲ-Ｃａｓ９

（クリスパー・キャスナイン）」と呼ばれる技術が有名です。

山中　今では生命科学研究に欠かせない技術です。

浅井　番組の中で、鼻が高くなる、低くなるといった身体的特徴の違いや、あるいはカフェインを分解しやすい、分解しにくいといった体質の違いなど、いろんな性質を決める仕組みが遺伝子研究によって明らかにされつつある状況を紹介しました。こういうさまざまな性質は今後、コントロールできるようになるのではないかと考えられています。本当に顔の形や病気のかかりやすさなど、コントロールすることはできるのでしょうか？

山中　たとえば、ミオスタチンと呼ばれる筋肥大を抑制する遺伝子をゲノム編集によって破壊すると、種を超えていろんな動物の筋肉量が増えることが知られています。遺伝情報に基づいて外見的、生理的に現れた性質を「表現型」と呼びますが、病気を含め、いろいろな表現型をゲノム編集によって実際に変えられることが示されています。ただしわかっていないこともたくさんあります。どこまで正確に変えられるのか。表現型を変えたとして1～2年はともかく、何十年か後に影響が出ることはないのか。生殖細胞を改変した場合、つまり次の世代に伝わる変化を起こしたとき、何百年という単位でどういう影響がありえるのか。これらは未解決の問題です。今の段階では、人類がゲノムを完全に制御できるわけではなく、リスクがある。やはりリスクとベネフィットを評価して、ベネフィットが上回ると考えられる場合に限って、慎重に進めていくべきです。規制も必要でしょう。逆に、規制がないと大変なことになるという漠然とした恐怖感が常にあります。

浅井 恐怖と言えば、世代を超えて恐怖が遺伝するという研究も番組で紹介しましたが、ゲノムを改変すれば恐怖をコントロールすることすら可能かもしれないですね。

山中 知らないうちに記憶を植えつけられるといったモチーフを使ったSFもあります。言い古されていることですが、SFで描かれている内容は現実になることが多い。さらにSFで描かれていない、SF作家ですら想像できないことを科学が実現することもよくあります。どういう未来が来るのか、本当にわかりません。科学者として、僕も人類を、地球をよくしたいと思っています。しかし科学は諸刃の剣です。

浅井 人類のために良かれと思ってしたことが、災いをもたらす可能性もあります。山中さんがスタジオトークで「人類が滅ぶ可能性もある」とおっしゃったとき、ハッとさせられました。

山中 僕たち人類は、1000年後、1万年後も、この地球に存在する生物の王として君臨していると思いがちですが、自明ではありません。1万年後、私たちとは全然違う生物が、地球を支配していても不思議ではありません。しかも、自然にそうなるのではなく、人間が自らそういう生物を生み出すかもしれません。うまくいけば人類は地球史上最長の栄華を誇ることができるかもしれないし、一歩間違うと、新たな生物に地球の王座を譲り渡すことになります。今、人類はその岐路に立っていると思います。ゲノムを変えることだけではありません。大きな電力を作り出すことができる原発ですが、ひとたび事故が起きると甚大な被害が発生します。暮らしの中のあらゆる場面で活躍するプラスチックですが、海を漂流するゴミとなり生態系に影響を及ぼしています。科学技術の進歩が、人間の生活を豊かにするのと同時に、地球、生命に対して脅威も与えているのです。

研究者の倫理観が弱まるとき

浅井　遺伝子には多様性を広げる仕組み、あるいは局所的な変動に適応する仕組みが組み込まれています。遺伝子は、今現在の僕らを支えつつ、将来の変化に対応する柔軟性も備えているわけです。その仕組みに人の手を加えることはどんな結果につながるのでしょうか？

山中 ダーウィンは、進化の中で生き残るのは、いちばん強い者でも、いちばん頭がよい者でもなく、いちばん適応力がある者であると言いました。適応力は、多様性をどれだけ保てるかにかかっています。ところが今、人間はその多様性を否定しつつあるのではないか。僕たちの判断で、僕たちがいいと思う方向へ生物を作りかえつつあると感じています。生物が多様性を失い、均一化が進むと、ちょっと環境が変わったとき、たちどころに弱さを露呈してしまいます。日進月歩で技術が進む現代社会は、深刻な危うさを孕んでいると思います。

浅井 しばらくは大丈夫と高をくくっていましたが、あっというまにそんな事態に陥るかもしれません。だからこそわれわれは番組制作を通して、警鐘を鳴らす必要があると考えています。一方、山中さんは番組の中で「研究者としてどこまでやってしまうのだろうという怖さがある」と発言されています。多くの研究者の方々はルールに従い、何をしていいのか、してはならないのかを正しく理解していると思いますが、研究に歯止めが利かなくなると感じるのはなぜでしょうか?

山中 人間は、特定の状況に置かれると、感覚が麻痺して、通常では考えられないようなひどい行動におよぶ場合があるからです。そのことを示したのが、アイヒマン実験です。

浅井　有名な心理学実験ですね。アイヒマン（アドルフ・アイヒマン）はナチス将校で、第二次大戦中、強制収容所におけるユダヤ人大量虐殺の責任者でした。戦後、死刑に処されました。彼は裁判で自分は命令に従ったにすぎないと発言しました。残虐というよりは、内気で、仕事熱心な人物に見えたとも言われています。

山中　そんな人物がどうして残虐になり得るのか。それを検証したのが、イェール大学の心理学者スタンリー・ミルグラムが行ったアイヒマン実験です。この実験の被験者は教師役と生徒役に分かれ、教師役が生徒役に問題を出します。もし生徒役が問題を間違えると、教師役は実験者から生徒役に電気ショックを与えるように指示されます。しかも間違えるたびに電圧を上げなければなりません。教師役が電気ショックを与えつづけると生徒役は苦しむ様子を見せます。ところが実際には生徒役はサクラで、電気など通じていない。生徒役の苦しむ姿は嘘ですが、叫び声を上げたり、身をよじったり、最後には失神までする迫真の演技なので、教師役は騙されて、生徒役が本当に苦しんでいると信じていました。それでも、教師役を務めた被験者の半分以上が、生徒役が失神するまで電気ショックを与えた。教師役の被験者がひとりで電気ショックのボタンを押すのなら、そこまで強いショックを与えられなかったでしょう。ところが、白衣を着て、いかにも権威のありそうな監督役の実験者から「続行してください」とか「あなたに責任はない」と堂々と言われ、教師役はボタンを押すのをためらいながらも、どんどんエスカレートして、実験を継続したんです。

浅井 ショッキングな実験結果ですね。権威のある人のもとで、人間は際限なく残酷になってしまう。

山中 研究にも似ている側面があるのではないか。ひとりで研究しているだけなら、生命に対する恐れを感じて、慎重に研究する。そういう感覚はどの研究者にもあると思います。ところがチームになって、責任が分散されると、慎重な姿勢は弱まって、大胆になってしまう。たとえルールがあっても、そのルールを拡大解釈してしまう。気がついたらとんでもないことをしていたというのは、実際、科学の歴史だけでなく、人類の歴史上、何度も起きたし、これからも起こりえます。科学を正しく使えば、すばらしい結果をもたらします。しかし今、科学の力が強すぎるように思います。現在ではチームを組んで研究するのが一般的です。そのため責任が分散され、倫理観が弱まって、危険な領域へ侵入する誘惑に歯止めが利きにくくなっているのではないかと心配しています。

浅井 山中さんご自身も、そう感じる局面がありますか?

山中 そういう気持ちの大きさは人によって違います。僕はいまだにｉＰＳ細胞からできた心臓の細胞を見ると不思議な気持ちになる。ちょっと前まで、血液や皮膚の細胞だったものが、今では拍動している、と。ヒトiPS細胞の発表から12年経ちますが、この技術はすごいと感じます。しかし人によっては、毎日使っているうちにその技術に対する驚きも消えて、当たり前になる。歯止めとして有効なのは、透明性を高めることだと思います。密室で研究しないことです。研究の方向性について適宜公表し、さまざまな人の意見を取り入れながら進めていくことが重要ですし、そうした意見交換をしやすい仕組みを維持することも大切だと思います。

100%良い・悪いと言いきれない

浅井　ゲノム編集など、生命科学の最先端技術はすさまじい勢いで進展しつつあります。番組でも、さまざまな体質、能力、病気のなりやすさなどが、DNAに備わるスイッチのような仕組みによって切り替わることや、人為的に切り替えられる可能性があることを伝えました。しかし、現実には、山中さんもおっしゃったように、まだわかっていないことがたくさんある。知見、技術が中途半端な状況で、何をどこまで伝えるべきなのか、悩ましい問題です。

山中　アルツハイマー病の患者さんは多数いらっしゃいますが、いくつかのタイプがあります。遺伝子を調べても、将来アルツハイマー病になるかならないかわからないタイプの方が多いのですが、一部にかなりの確率で発症につながる遺伝子を持っている方がいらっしゃいます。そういう遺伝子が複数発見されているのです。しかし残念ながら、原因遺伝子がわかったからといって、発症を食い止める手立ては今のところない。そういう病気はいくつもあります。原因を明らかにすることは可能でも、治せない病気について、どこまで患者あるいはその家族に伝えるのか。原因遺伝子をゲノム編集で働かないようにすればいいという考えもあります。技術的にはそういうことが可能になると考えられます。しかしそれを社会はどこまで受け入れられるか。どう考えるべきなのか。まだ議論は成熟していません。技術の恩恵を享受できるのか、技術に支配されるかの瀬戸際にわれわれは立っています。

浅井 先ほど「リスクよりもベネフィットが上回るときに限って研究を進めるべきだ」というお話がありました。この見極めも大きな課題です。

山中 何をもって病気とするか定義するのも難しい側面があります。僕は、よく英語のニュースを聞きながらランニングをしていて、最近聞いた、ブラジル人男性と結婚した日本人女性の話が印象に残っています。彼女が産んだ子どもは先天性疾患を患っているのですが、その子をブラジルに連れて行ったら夫の親族から「神に選ばれて授かった子だ。すばらしい」と祝福された。ところが日本の親族の反応は、どちらかというと否定的なもので辛かったそうです。同じ病気でも、国によって受け止め方、考え方が異なるわけです。

浅井　リスクとベネフィットを見極めようとしても、そもそも遺伝子の働き自体がわかっていなかったり、同じ遺伝子がさまざまな働きを担っているというケースもあります。

山中　アルツハイマー病のリスクファクターとして昔からAPOE遺伝子が知られています。APOEにはいくつかのタイプがあって、日本人で多くの人が持っているのはE3と呼ばれるタイプです。一方、E4のタイプを持っている方がアルツハイマー病を発症するリスクは非常に高い。ところが、E4のタイプの方が動脈硬化を発症するリスクは低いことが知られています。アルツハイマー病だけ見れば、E4はリスクですが、動脈硬化のリスクを考えれば、E4はベネフィットになる。似たような例は他にもあります。鎌状赤血球症という先天性疾患を引き起こす遺伝子も、この遺伝子を持つ人に貧血病を発症させる一方で、高熱、頭痛、吐き気などの症状を引き起こす感染症のマラリアに耐性をもたらします。マラリアに苦しむ地域の人々に起こった適応でもあるわけです。何ごともそうですが、100%良いもの、100%悪いものというふうに分けられない。両面ある。人間が短絡的な判断で良し悪しを決めると、適応力が下がってしまうかもしれない。多様性を失い適応力が下がった状態で未知の感染症に襲われると、全滅することもありえます。

浅井　遺伝子がもたらすリスクとベネフィットに関する理解が十分でなかったり、価値観がさまざまであることを考えると、多様性を維持して、未知の環境変化に対する適応力を下げないためには、生命操作に対する何らかの線引きが必要になると思います。どんな線引きが有効でしょうか?

山中　多くの研究者は、生殖細胞のゲノムには手を加えないことで線引きをしています。僕も、同じです。

浅井　ゲノムを操作するとしても、一代限りで、次世代に影響をおよぼさないようにするということですね。

山中　はい。しかし、その判断が難しいケースもあります。たとえば、SMA（脊髄性筋萎縮症）という先天性疾患を持つ患者さんは、重症の場合、2歳までに呼吸ができなくなって亡くなってしまいます。2017年にいい薬ができたおかげで、もっと長生きできるようになりました。アメリカのバイオジェン社が開発したスピンラザという核酸医薬です。DNAやRNAなど遺伝情報を司る化学物質は核酸と呼ばれますが、核酸医薬は、薬として利用するために人工的に合成した核酸のことです。細胞の中に直接取り

込まれて、細胞内の特定の物質に作用する特徴があります。スピンラザは確かによく効くのですが、何ヵ月かに一度、脊柱管に注射しなければならないので、患者さんにはかなりの負担でした。ところがつい最近（２０１９年5月）、アメリカで承認された遺伝子治療薬のゾルゲンスマは画期的で、なんと静脈注射を1回するだけで、５歳、10歳まで生きることができて、立って歩くこともできるようになると考えられます。ただしゾルゲンスマの価格は2億３０００万円。

浅井　過去最高額の薬価だと話題になりました。

山中　これまでは重度のＳＭＡの患者さんは長く生きられなかったので、子孫を残すことはありませんでした。しかし、今後、その患者さんも成長して、子どもを持つようになることが考えられます。ゾルゲンスマは遺伝子治療薬ですが、生殖細胞の遺伝子には影響はなく、そのままです。したがって、その病気の患者さんが将来、自分の子どもを作ったとすると、その子が同じ病気にかかる可能性があります。患者さんは悩まれるかもしれないですね。いくらすばらしい治療法だとしても、莫大なコストもかかるし、全員に効くわけでもない。それだったら、ゲノム編集で生殖細胞の遺伝子に手を加えて原因遺伝子を治療すればいいという考えも生まれるでしょう。しかし、それをしていいのかどうか。僕には答えを出せません。

第2章 研究は果たしてコントロールできるのか

注射が1本2億3000万円になった理由

浅井　遺伝子工学の進歩が、創薬の世界に大きな影響をおよぼしています。その結果、医療費が高騰して、命の選択もお金次第という状況になりつつあるのです。そういう昨今の状況を考えると、患者さん本人のリスクとベネフィットを考える際、ひいては生命倫理を考える際に、産業や経済的な背景についても、知っておく必要がありますね。

山中　アメリカで遺伝子工学の技術を使った薬が生まれたのは今から35年ほど前のことです。それ以前は何万種類かの低分子化合物とか、土から取ってきた微生物からの抽出物から薬を創るしかありませんでしたが、遺伝子工学が生まれると、大腸菌を使って遺伝子を合成し、多種多様な抗体を作ることができるようになりました。コンピュータで効果を予測することもできます。

浅井 創薬の世界に革命が起こったわけですね。

山中 研究開発のスピードが格段に向上したのです。それと同時に、産業化も進みました。医薬産業、医薬ビジネスが発展して、製薬企業がどんどん肥大化しました。投資家も莫大な資金を投じた。その相乗効果で研究開発が加速し、画期的な薬がいくつも生まれています。それはすばらしいことですが、弊害もあります。新薬の価格が天文学的な数字になっていることです。この状況は異常です。考え方を変える必要があるでしょう。日本ならいくら高額な治療法でも、国民皆保険で、保険適用になれば、患者さんの負担は少なくて済みますが、医療費が膨らみすぎると、国家経済が破綻する。アメリカ型の医薬品開発のスタイルをこのまま続けてよいのか議論する必要があるでしょう。アメリカで開発された薬の価格はアメリカで決定されます。アメリカの薬価の決め方は日本のものとは異なり、薬の画期性・有効性・安全性・マーケットシェアなどを考慮して製薬企業が自由に決められます。保険会社はここまでなら出せるという意見も参考に決められるのです。

浅井 今の構造はあまりよくない。

山中 科学技術の進歩によって画期的な薬はできるようになりましたが、価格もうなぎ登りに上がり続けている。そんな状況が当たり前と考えるのではなく、違う方法を模索するべきです。もちろん製薬会社も莫大な投資をして、リスクを負って開発している。製薬企業が他の企業の何倍も利益を上げているかと言えば、そういうわけでもありません。営業利益率は1割くらいしかない。今までの研究開発の方法では仕方がない面もある。

浅井　いくつかの難病についてiPS細胞を用いた臨床試験や治験が進んでいます。将来、厚生労働省の承認を受けても、高額な医療になりませんか?

山中　コストは大きな課題です。2014年に理化学研究所の高橋政代プロジェクトリーダーらが目の難病「加齢黄斑変性」の患者さん1人に対して、世界で初めてiPS細胞を用いた移植手術を行いました。このとき使われたのは患者さん本人の細胞で、iPS細胞の品質評価に数千万円かかり、高品質のiPS細胞を目の細胞に変えるなどその他の費用も合わせると1億円もの費用が必要でした。こうした治療用や研究用のiPS細胞の作製にかかるコストを少しでも下げるべく進めているのが、CiRAのiPS細胞ストック事業です。他人に移植しても拒絶反応を起こしにくい特殊な細胞の型を持つ方から血液を提供していただき、iPS細胞を作って保存しておく事業です。2017年に行われた高橋さんらの臨床研究では、ストックから提供されたiPS細胞が使用され、患者さん1人あたりの費用をかなり抑えることができました。

浅井 ＣｉＲＡは、製薬企業とも提携して、研究開発を進めています。

山中 アメリカでよく見られるのは、大手製薬企業が、大学での研究成果から発展したベンチャー企業を買収し、薬を実用化するというケースです。この方法が、アメリカのベンチャー文化を育てる土壌を作り出しているのは確かですが、反面、創薬にかかるコストを押し上げる一因にもなっている。そこで私たちは大学と企業が直接手を組めばコストダウンにつながると考えたわけです。大学にとっても、大手の製薬企業が持つ豊富な化合物ライブラリや創薬ノウハウを利用できるので大きなメリットがあります。

浅井 投資家が莫大な資金を投じることで研究開発が加速しているという、医薬産業の現状を知ると、経済が駆動力になって、気づいてみたら研究者が倫理の則を超えてしまっていたこともあるかもしれません。治療にしろ、人の能力を増強するエンハンスメントにしろ、「儲かるから」という理由で、倫理的な制約を突破する局面があるのではないでしょうか?

山中 「産業として利益が上がるから、実行しよう」という考えは出てくるでしょうね。研究者の多くは、純粋に真理を追究したり、患者さんのために新しい治療法を探したり、少しでも新しい知識を世の中に届けようと頑張っています。研究者は純粋な研究で進めていても、産業に結びつくような研究には投資家がやってきて、何十億というお金が入ってくるということが、今は普通になりつつあります。そうなってくると、単なる真理の追究とは違う世界となってしまいます。投資家の要求に応えるような研究を進めなければならないでしょうし、なんとかビジネスとしてもとがとれるようにしようと研究が進められるかもしれません。産業化という観点では、ある程度そうしたことも必要かもしれませんが、そこはきっちりとしたルールや規則がないと、早い者勝ちのような形になってしまい、全体として良い結果をもたらさないのではないかと思います。

公海上なら誰でもデザイナーベビーを作れる

浅井　さまざまな課題がある中で、ここからは、今後どうやって生命科学の研究をコントロールしていけばよいかということについて、お話をうかがっていきたいと思います。2018年11月、中国でゲノム編集した受精卵から双子の女児が誕生したという衝撃的なニュースが世界を駆けめぐりました。「エイズウイルスに感染しにくくなるようにゲノム編集した胚を母体に着床させ、双子が生まれた」と、南方科技大学の賀建奎准教授が香港の学会で報告しました。その真偽も含めて続報があまりありません。山中さんは、このニュースをお聞きになったときどう思われましたか？

山中 どこかで誰かが試みるのではないかと言われていましたので、やはり起こってしまったかというのが正直な感想です。ゲノム編集を研究する多くの人が、驚くというよりやっぱりという感想を持ったと思います。

浅井 日本では指針として禁止され、中国でも指針で制約がかけられています。それでも防げませんでした。

山中 指針の効力は弱いので、ヒト胚や生殖細胞のゲノム編集を法律で禁じるべきだと考えています。人の体細胞クローンの作製については、各国が法律で禁止して、破ったら罰則もある。そもそも体細胞クローンを作ろうと思ってもなかなか成功しません。それに対してゲノム編集は体細胞クローンよりも技術的にははるかに簡単です。今の段階では、より厳しい法的な規制が必要だと考えています。

浅井 ただ、その法律のすき間をついて広がる可能性があります。かつて山中さんも、広がることを前提に対策を考えていかないと、人間が科学技術の進歩をコントロールできないとおっしゃっていました。

山中 コントロールはできないと思います。先日、NHKスペシャルの「彼女は安楽死を選んだ」（2019年6月2日放送）という番組を見ました。打ちのめされるような、重いテーマの番組でした。この中に登場した神経難病を患う女性は、スイスで安楽死をします。日本では安楽死が禁じられています。日本で医師が安楽死を実行した場合には殺人罪が適用される。それでも、患者さんは合法的に安楽死を行う国に行くことができるし、その権利もある。

浅井　すべての国が足並みをそろえて、ある科学技術の使用を禁じたり、許可したりする状況は考えにくいですね。

山中　はい。公海上で体細胞クローンの実験を行うと言っている宗教団体もあります。どこの国にも属さない公海上なら、国家が禁じる実験を行っても罪に問われないという理屈です。ゲノム編集にも、それほど大がかりな装置は必要ありません。船一隻に実験室を作れば十分でしょう。戦争や災害時に海洋上で治療活動を行う病院船もすでに実用化されています。生命科学の高度な実験を海の上で行うことは技術的には現在でも可能なのです。

浅井　学会や国がいくら禁じている実験でも、強固な意志を持つ研究者を止めることはできない。

山中　完全にはストップさせられません。今回の中国の賀准教授のように先陣を切って実行する人が出てくると、あらゆる手段を使って実行する動きに拍車がかかる面もあります。僕は今、非常に慎重にゲノム編集の研究をすべきだと言っていますが、もしかし

たら50年後の人が今を振り返って、あの中国の研究者はよくやった、ヒト胚をゲノム編集したおかげで人類は進歩した、病気を乗り越えたと評価される可能性もゼロではありません。

浅井　これまでの歴史でも常識からの逸脱が科学を前進させた例はありますね。

山中　イギリスのロバート・エドワーズ教授が1978年に最初の体外受精を成功させたとき、いわゆる「試験管ベビー」として大騒ぎになり、教会からも激しく非難されました。それから何十年もしないうちにノーベル生理学・医学賞（2010年）を受賞しました。今や学校の1クラスに1名は何らかの生殖医療で誕生していると言われる状況になっています。歴史が審判を下すとしか言いようがありません。

浅井　ある報告では、難病の6割近くは何らかの遺伝子変異が関係しているとされています。病を克服するために遺伝子の研究を進めていくことについて多くの人は同意すると思います。一方、判断が難しいのは、人間の身体的あるいは知的な能力を拡張するためにゲノム操作が許されるのか、許されるとしてどこまで拡張してもよいのかです。いわゆるエンハンスメントの問題についてはどうお考えですか？

山中　動物、植物も含めて、人間はこれまでさまざまな個体をかけ合わせて品種改良を行ってきました。自然の仕組みを利用して、人間がある特定の遺伝子を持つ種だけを選択してきたのです。ゲノム編集を利用すれば、従来の品種改良よりはるかに短期間で、はるかに効率的に目的の特徴を持つ種を作り出せます。同じ方法を、人間に当てはめてよいのか。率直に言って、わかりません。少なくとも、生殖細胞に手を加えるべきではないと思いますが、それでは一代限りで、たとえばどこまで筋肉を隆々にしてもよいのか。僕ひとりでは答えを出せない重いテーマです。

iPS細胞によって拡大した倫理的課題

浅井　最後にiPS細胞についてもうかがいたいと思います。再生医療への応用が期待されるもののひとつに、ES細胞があります。ES細胞は、初期胚から将来胎児になる細胞集団の細胞を取り出し、あらゆる細胞に分化できる能力を持ったまま、培養し続けることができるようにした細胞です。ES細胞を作るには、受精卵が必要であり、「将来ひとつの命となる受精卵を治療のために使ってよいのか」という倫理的課題がありました。その倫理的な壁を越えて、体細胞からでもES細胞のような万能細胞が創れることを示したのが山中さんたちの研究です。ところがまた、新たな倫理的課題が立ち上がりました。

山中　最初は、「これで受精卵を使わないで済む」と思いました。ところが皮膚や血液からiPS細胞を作ってまもなく、そのiPS細胞から生殖細胞を作ることが理論的には可能であることに思い至り、愕然としました。倫理的なハードルを克服しようと頑張ってきたのに、別の倫理的な問題に直面してしまいました。もしかしたら以前より大きい問題かもしれない、と思いました。iPS細胞を作る前は、そこまで深く考えていなかったのです。

浅井　人の皮膚や血液からiPS細胞を作り、そのiPS細胞で精子や卵子を作り、子どもを作ることが理論的にはできる。

山中　とはいえ、当初はiPS細胞から機能的な精子や卵子はなかなかできないだろうし、できるとしても何十年もかかると考えていました。ところが、研究の進展はすさまじく、CiRAにも所属している斎藤通紀先生が、2011年と2012年に、マウスのES細胞やiPS細胞から作った精子、卵子から新しいマウスを生み出すことに成功したと報告しました。

浅井　人間のiPS細胞を使った生殖細胞の研究もなされていると思いますが、どこまで進んでいるのですか?

山中　斎藤先生らは、ヒトiPS細胞から、精子や卵子のもととなるヒト始原生殖細胞様細胞を作り出すことにすでに成功しています。ただし指針でどこまで実施していいかが決まっています(文部科学省が2010年に出した指針では、ヒトiPS細胞から精子や卵子まで作成することが認められたものの、受精させてヒト胚を作成することは禁止された)。われわれの研究所に設置している生命倫理の研究部門(上廣倫理研究部門)でも、生殖細胞の分化誘導をどこまで進めていいのか、調査を行い、検討しているところです。そもそもiPS細胞から生殖細胞を作る研究をするのは、iPS細胞から人を作り出すためではまったくありません。不妊に苦しむ方のiPS細胞から精子や卵子を作って、不妊の原因を探るためです。患者さん本人のiPS細胞を使えば、精子形成あるいは卵子形成の不具合を再現できます。精子形成、卵子形成のどの段階でとどまるのか、その原因を突き止め、治療法を探りたいと考えています。

浅井 原因の究明を念頭に置いていて、ヒトiPS細胞から受精や出産をめざしているのではないということですね。ただ、これまでお話をうかがってきたことから考えると、誰かがそれをやるのではないかという疑念はつきまといます。また、先に触れたように、2012年にクリスパー・キャスナインが開発され、iPS細胞をゲノム編集する研究も始まりました。iPS細胞であれば、何度でも実験をくり返していくことができます。目的となる変化が起こった細胞だけを選び取っていくことができます。iPS

細胞とゲノム編集を組み合わせれば、生命科学研究の可能性が大きく広がりますが、一方、これまでとレベルの違う倫理的な課題が生まれるのではないかと思います。

山中　iPS細胞にゲノム編集を使って生殖細胞を作る研究なら話は別ですが、生殖細胞以外の細胞なら移植しても次世代には伝わりません。私たちがゲノム編集を利用して実現したいのは、たとえば拒絶反応を起こす力を弱めることです。拒絶反応を引き起こす遺伝子の働きをゲノム編集によって弱めたiPS細胞を増やし、目的の細胞に分化させ、それを細胞移植などの治療に使いたいと考えています。こうした使い方をする限り、世代を超えるような大きな問題が生じるとは考えていません。

浅井　また、iPS細胞ができたことで、動物の体内で人間の臓器を作る研究も進められています。人間のiPS細胞をブタの受精卵に組み込んで、人間の臓器を持つブタを作り出すという研究で、臓器移植を目的としています。しかし、人間の臓器移植のために動物を利用してよいのかという点に加えて、ブタの脳の神経細胞や生殖細胞の何割かがヒトの細胞に置き換わることは避けなければいけないということで、セーフガードの議論も進められています。

山中　人間のiPS細胞を使って、ブタの体内に人間の心臓や腎臓を作ると、その臓器の一部の細胞はブタ由来になります。たとえば血管はブタの血管になる可能性がある。

したがってそのまま臓器移植に使うと強烈な拒絶反応が引き起こされます。それ以外に、人間の膵臓をブタに作らせて、臓器として移植するのではなく、インスリンを作り出す膵島《すいとう》細胞を移植するという構想もあります。この場合は臓器移植ではなく、細胞移植です。あるいは人間の造血幹細胞を持つブタを作り、その細胞を純化して移植する方法も考えられている。造血幹細胞は白血球や赤血球など血液のもととなる幹細胞で、主に骨髄の中にありますが、すでに骨髄移植は行われていて、効果を上げています。しかしドナー不足は深刻です。白血病の患者さんで、ドナーが現れないために移植が受けられない方が毎年1000人以上いらっしゃいます。1型糖尿病の患者さんなどに行う膵島移植についても、ドナー不足は深刻で、しかも一回の移植では足りず、くり返し移植する必要がある。ブタに作らせたヒトの臓器移植は技術的に難しい状況ですが、細胞移植については真剣に検討されています。その場合、動物を道具化する傾向が強まるのではないか、人間の尊厳が侵害されるのではないか、従来の価値観が失われるのではないかという点が懸念されています。動物を利用することがどこまで受け入れられるのかという問題はありますが、ドナーを待っている方々にとっては大きな福音になる可能性もあります。

「透明性」で急激な進歩に対抗

浅井　山中さんは、これまでにも生命倫理について考えたり、ルールを作ったりする際には、科学を取り巻く社会、一般市民の方、そしてその技術で利益を得る患者さんやご家族の方、理系、文系の研究者の方々も含めて議論をすることが大切であるということ。そして、科学の研究のスピードがあまりにも速いので、倫理についての議論もスピードを速める必要があるとおっしゃってこられました。

山中　社会のコンセンサスを得て、研究を進める必要がありますが、それでも100人いたら100人全員が賛成することはあり得ません。その場合、どうすればよいのか。本当に難しい課題です。大事なのは、くり返しになりますが、透明性を高めることです。そして、その治療法に本当に効果があるのか、可能な限り科学的に証明する努力が必要です。

浅井　研究開発のスピードが速い分、iPS細胞や生命科学に関する倫理的課題について、山中さんご自身が、今後もその進捗をつぶさにウォッチしていくことができそうですね。

山中　特にゲノム解析の技術がこれほどまでのスピードで進むとは想像さえできませんでした。これからはもっと速くなるのだと思います。僕も40歳頃までは、生命科学にかかわる基本的な技術について理解できていました。自分で原理を理解して、新しい技術を身につけることもできました。しかしもはやそんなことは不可能です。1日でゲノムを読んでしまう次世代シーケンサーが、僕らの研究所にも何台かあります。装置の中で、何が起こっているのかを説明されれば何となく想像はできるけれども、完全に理解することはできません。シーケンサーからハードディスク1個分に相当する大量のデータがどんどん出てくるのですが、とても僕には解析できません。

浅井　装置の進歩、解析技術の進歩が生命科学研究を加速させているわけですね。

山中　ひとりの研究者あるいは少人数のチームでできる研究の範囲は限られているので、今では複数のチームが協力してひとつの研究に取り組むのが普通です。2006年に発表したiPSの論文の著者はふたりです。当時はめずらしくありませんでしたが、最近、著者ふたりの論文など滅多に目にしません。ひとつの論文に何十人、何百人の著者が連なっていることもあります。今までは「著者なら論文に書いてあることはすべて理解して、間違いがあれば責任を取る」のが当然でしたが、今はそれも困難になってきています。それぞれのチーム、それぞれの研究者が言っていることを信じるしかないくらいに専門化が進んでいる状況です。

浅井　科学研究の進め方から昔と様変わりしています。

山中　急速に変化しています。以前は教授のほうが学生より知識も経験も豊富でした。今は新しい技術については学生さんのほうがよく知っていて、僕たちが彼らに教えを乞わなければならない。指導のあり方も変わってきました。僕たち教授の権威はどこから来るのかとときどき考えますよ。年を取っていることだけじゃないか（笑）。

浅井　iPS細胞の生みの親である山中さんご自身が、iPS細胞にかかわる研究の際に、「これだけは守るべきだ」ということを示した、「山中ルール」のような生命倫理の規範のようなものがあってもいいのではないでしょうか。

山中　ルールは大事ですが、誰かがひとりで決めるものではなく、さまざまな立場の人の意見を反映して決めていくべきです。みなさんとこれからも議論をしながら研究に取り組みたいと思います。最近ではPPI（Patient and Public Involvement＝患者市民参画）という考え方が研究には大切だと言われるようになってきました。研究者だけで研究の進め方を決めるのではなく、患者さんや一般市民のみなさんの意見もうまく取り入れながら進めていきましょうという考え方です。日本でも研究を進めるにあたって、患者さんや一般市民の考えをうかがう機会が増えてくると思います。この本の読者のみなさんが、少しでも生命科学の進歩に興味を持ってくださり、また機会があれば、研究に参画していただければ、よりよい未来が切り拓けるのではないかと思います。

浅井　本日は、ありがとうございました。

おわりに

NHKスペシャル「シリーズ人体Ⅱ遺伝子」ディレクター
白川裕之
末次　徹

私たちの命の根幹をなす「遺伝子」の世界を旅する大冒険は、いかがでしたでしょうか?

シリーズを通して浮かび上がったのは、ゲノムの仕組みが私たちにもたらす、驚くべき「多様性」と「可塑性」です。

ゲノムの中で大して役に立たないと思われていた部分は、いわば多様性のホットスポットであり、それゆえに、あなたは唯一無二の存在として誕生しました。その後も、遺伝子のスイッチを環境に応じて切り替えるというゲノムのしなやかさが、あなたの心と体のあり方を、生き様に応じてさまざまに変化させながら導いていきます。

ゲノムとは、ひとりひとりが見事に異なるように設計する仕組みであり、ひとりひとりに無限と言えるほどの可能性を授ける仕組みだったのです。私たちが生まれ持つ生命の神秘に、改めて驚嘆するばかりです。

第一部の冒頭に、「遺伝子」や「ゲノム」は、これからの時代のキーワードになると書きました。一方で、「多様性」と「可塑性」も、人や社会のあり方を考えるうえで重要なキーワードであると思っています。「多様性」とは、すべての人間に正常も異常もなく、みながただおたがいに異なる存在である、ということ。「可塑性」とは、人間は変わりうるものである、ということです。

第一線の研究者たちへの取材を通して、人間の「多様性」と「可塑性」の本質が、生命の中に宿る最小単位とも言えるゲノムの仕組みからあぶり出される過程は、エキサイティングで美しさを感じるものでもありました。

この地球上には、さまざまな環境に適応した多様な生き物たちが暮らしているのと同じように、驚くほど多様な人々が生きています。「ある環境に強い人、弱い人」「ある食べ物の成分の代謝が得意な人、苦手な人」「ある病気になりやすい人、なりにくい人」。人々の中には、さまざまな能力を持つ人がいて、さまざまな得意や不得意があり、それゆえに協力関係が生まれ多様な知恵が生まれます。さらにひとりひとりが、経験や訓練などによって、新たな能力を開花させたり、環境の変化に適応しようとする力強い仕組みを備えています。

生命誕生以来、数十億年という気の遠くなるような年月を経て人類が獲得してきた、

「多様性」と「可塑性」を生み出す神秘の仕組みは、私たちひとりひとりに、困難なことばかりの人生を、社会全体で手を取り合って、知恵を絞り合いながら生き抜く力を授けてくれているように思います。

このシリーズが、これまで手の届かなかった生命の神秘の仕組みを描くことができたのは、研究の最前線にいる世界中の数多くの研究者の方々が快く取材に協力してくださったからにほかなりません。最後になりましたが、ここに心から感謝をお伝えしたいと思います。

「ゴミ」と呼ばれたＤＮＡの98％の重要性を幅広い視点からご教授くださった、東京大学定量生命科学研究所の小林武彦教授。難解なエピジェネティクスの理解を深める数多くの貴重なご助言をくださった、国立がん研究センター研究所の牛島俊和先生は、番組内で十分にご紹介できていませんが、番組の核になる考え方について何度もお話をうかがい、力を貸してくださいました。特に厚く御礼を申し上げたいです。

誰も見たことのないＤＮＡの働きを映像化するという今回のプロジェクトでは、世界を代表するＤＮＡイメージング研究者である東京工業大学の木村宏教授や、京都大学の高田彰二教授らの分子シミュレーションなど、数多くの方々に監修いただきながら制作しました。私たちが電子顕微鏡の魔術師と呼ぶ、旭川医科大学の甲賀大輔准教授は、核の中のDNAの束（クロマチン）の様子を、これまで見たことのないほど鮮明に映し出してくれました。

生命の仕組みという深遠な謎に挑む数多くの研究者たちの生の声を聞くことで、番組を制作するうえで欠かせない多くの刺激と示唆をいただきました。この場を借りて、みなさんに厚く御礼を申し上げます。

DNAの姿を精密に再現するCGの制作には、多くの技術者やクリエイターの力が結集されました。CGチームには、最初の打ち合わせから、これまで「2重らせん」の抽象的なイメージアイコンでしか表現されてこなかったDNAに、瑞々しい命を吹き込んでほしいとお願いしました。私たちの体内に確かに存在するDNAに、無機質な2重らせん記号とは違う、実物の手触り感を持たせたいと伝えました。思いを共有してくれたCGチームの並々ならぬこだわりと尽力の結果、完成した圧倒的なCGは多くの視聴者の方の心を打ち、生命の躍動感を伝えてくれました。番組の制作にかかわったすべてのスタッフのみなさんに、この場を借りて深く感謝申し上げます。

そして、このシリーズの書籍化にあたっては、講談社の呉清美さんのアドバイスもあり、番組では紹介しきれなかった取材エピソードやホットトピックスを盛り込みながら、この本を手にとってくださるさまざまな読者の方の顔を想像しながら書き進めることができました。

私たちの約40兆個の細胞の中に詰まったDNAたちは、今この瞬間も大忙しです。あなたが呼吸して酸素を取り込むたび、何かを食べたり飲んだりするたび、泣いたり笑ったり、考えたり悩んだりするたび、DNAは躍動しています。

さあ、私たちは今日もまた、明日もまた、細胞ひとつひとつの中に自分だけのゲノムを携えて、生きていきます。

未知の宝物がたくさん眠る、ダイナミックでしなやかな、あなただけのゲノム。

ゲノムという「宝箱」を携え、あなたはどんな明日を生きていきますか？

2019年9月

今こそ知りたい！　最新「遺伝子検査」事情

今、世界中で遺伝子検査サービスが大流行しています。ある調査によると、2019年初めまでに、2600万人を超える人が消費者直販型の遺伝子検査を受けたと推定されています。とても身近なものになりつつある遺伝子検査ですが、はたして、こうした検査の結果はどう受け止めたらよいのでしょうか。また医療の世界でも、遺伝子検査が大きく注目されています。これから必ずや身近なものになる遺伝子検査について、今こそ知っておきたい情報をご紹介します。

「遺伝子検査」の方法と検査項目

この10年ほどのあいだにDNAの解析技術が急速に進歩したことで、遺伝子検査にかかる費用も下がり、短時間で行えるようになりました。人体を形づくる多くの細胞にDNAがあります。遺伝子検査とはこのDNAを調べる検査です。

少量の唾液を容器に入れて送るだけ、という手軽さで大人気の、消費者直販型の遺伝子検査。唾液の中に含まれる細胞の中からＤＮＡを抽出し、ＤＮＡ配列を調べます。ヒトの細胞内に含まれるＤＮＡは主にアデニン、グアニン、シトシン、チミンという4種類の塩基からなり、この塩基の並び＝「ＤＮＡ配列」が生命活動の根幹を担っています。

最近では、遺伝子検査を受けることで、がん、糖尿病、高血圧、ぜんそく、花粉症など病気のかかりやすさや、はげやすいか、太りやすいかなどの体質について、数百項目にもおよぶ自分の遺伝的傾向を知ることができます。

体質や病気と相関するＤＮＡの配列を見つけだす研究によって、体質の個人差を生むＤＮＡの配列の違いが、次々に明らかになってきています。こうしたデータの蓄積に合わせて、一般消費者向けの遺伝子検査も最新の知見を取り入れ、日々進化しています。

通常、個人の持つＤＮＡは誕生後はほとんど変化しません。ＤＮＡの配列から読み解かれた病気や体質は、まるで生まれ持った運命であるかのように感じてしまいます。では、現在の遺伝子検査で、自分の「運命」はわかってしまうのでしょうか。

「ＤＮＡの数」と「環境」が検査結果に影響

ＤＮＡ解析の結果を評価するときのポイントのひとつが、ひとつの体質や特徴を決めるのに「関与しているDNAの数」です。最先端のDNA研究からわかった重要なことは、私たちの体質や特徴は、驚くほど多くのDNAの関与によって決まっているという事実です。

例を挙げるなら、身長はわかっているだけで700ヵ所近いDNAが関与しています。それに対して、現在の一般的な遺伝子検査では、多くの場合、ひとつの体質（項目）について、1ヵ所のDNAとの関係で調べられています。

「はげやすさ（男性型脱毛症になりやすいか）」を例にして考えてみます。一般的に行われている遺伝子検査の結果、「はげにくい」という結果が得られたとしましょう。それはあくまでも1ヵ所のDNAを調べた結果です。そのDNAを持つ人は、確率的にはげていない人が多いことを示しています。しかし、「はげやすさ」は、他にも複数のDNAが関与しているため、他のDNAが持つ働きによって、実際には、はげる可能性もあるのです。つまり、ある体質とDNAの関係は1対1対応ではなく、1対複数のDNAとなっていることがほとんどなのです。

さらに、もうひとつ「はげやすさ」を決める大きな要因として「環境」があります。睡眠時間やストレスなどの環境要因は、その人がはげるかどうかに、大きな影響を与える可能性があります。検査の項目にもよりますが、私たちの多くの体質は、遺伝的要因と環境要因の両方の影響を受けると考えられています。

このように、遺伝子検査には「関与しているDNAの数」と「環境」の影響があることを必ず念頭において、結果を受け止めることが必要です。

「特定の結果を見ない」という選択肢

遺伝子検査自体の性質を理解し、検査から導かれた結果を自らの生き方や健康にどのように役立てていくのかが問われる時代に入ってきています。検査項目の中には、いわゆる遺伝病や、アルツハイマー病の発症リスクを高めるDNAのように、そのDNAの配列を持つだけで、発症リスクが著しく高まるものもあります。そうした項目の検査結果については、将来の発症リスクを、高い確率で知ることになるため、結果を見るか見ないかは、慎重な判断が必要になります。

検査を受ける前に、専門家の意見を聞くこと。また検査後、心の準備ができていない場合には、結果を見ないという判断も大切です。検査によっては、WEB上で結果を開く前に、本当に見たいかどうかを、確認してくれるものも多くなっています。

（出典　NHK健康チャンネル）

プロフィール

第1部／おわりに

白川裕之（しらかわ・ひろゆき）

NHK大型企画開発センター　ディレクター。京都大学大学院農学研究科修了。2004年NHK入局。科学・医療・自然分野のスペシャル番組およびエンターテインメント番組を多数制作。主な番組に「ダーウィンが来た！」「ためしてガッテン」「おしえて！ガッカイ」、ヒューマンドキュメンタリー「最期の家で『ホームホスピス　入居者と家族の日々』」、NHKスペシャル「あなたの家電が狙われている～インターネットの新たな脅威～」「シリーズ人体Ⅱ遺伝子」など。著書には『IoTクライシス　サイバー攻撃があなたの暮らしを破壊する』（NHKスペシャル取材班、NHK出版）などがある。

第2部／おわりに

末次　徹（すえつぐ・とおる）

NHK制作局第2制作ユニット　チーフ・プロデューサー。東京大学大学院理学系研究科修了。2003年NHK入局。大型企画開発センター、ディレクターを経て現職。主にドキュメンタリー番組を手がけ、ハイビジョン特集「奇跡の山　富士山」、プロフェッショナル 仕事の流儀では「考古学者・杉山三郎」「水中写真家・中村征夫」「歌舞伎俳優・市川海老蔵」など、クローズアップ現代「生物に学ぶイノベーション～生物模倣技術の挑戦～」、NHKスペシャルでは「謎の古代ピラミッド～発掘・メキシコ地下トンネル～」「シリーズ人類誕生」「シリーズ人体Ⅱ遺伝子」などを制作。

第3部／はじめに
浅井健博（あさい・たけひろ）

NHK大型企画開発センター チーフ・プロデューサー。慶應義塾大学卒業。1994年NHK入局。主な担当番組はNHKスペシャル「シリーズ人体」「足元の小宇宙〜生命を見つめる植物写真家〜」「腸内フローラ〜解明！驚異の細菌パワー〜」「ママたちが非常事態!?〜最新科学で迫るニッポンの子育て〜」「新島誕生　西之島〜大地創成の謎に迫る〜」「シリーズ秘島探検　東京ロストワールド」など、科学ドキュメンタリーを多数制作。放送文化基金賞、科学技術映像祭、科学放送高柳賞などを受賞。

第3部
緑 慎也（みどり・しんや）

科学ジャーナリスト。1976年生まれ。出版社勤務、月刊誌記者を経て2009年よりフリーに。科学技術を中心に取材・執筆・書籍編集に携わっている。著書には『ふりがな付 山中伸弥先生に、人生とiPS細胞について聞いてみた』（聞き手、山中伸弥・著、講談社+α新書）、『ウイルス大感染時代』（NHKスペシャル取材班・共著、KADOKAWA）などがある。

第3部
山中伸弥（やまなか・しんや）

京都大学iPS細胞研究所所長。1962年生まれ。神戸大学医学部卒業、大阪市立大学大学院医学研究科修了（博士）。米国グラッドストーン研究所博士研究員、京都大学再生医科学研究所教授などを経て、2010年4月から現職。2012年、ノーベル生理学・医学賞を受賞。著書には『人間の未来　AIの未来』（羽生善治・共著、講談社）、『山中伸弥　人体を語る』（浅井健博・聞き手、NHKスペシャル『人体』取材班編、小学館クリエイティブ）などがある。

NHKスペシャル　シリーズ人体Ⅱ遺伝子　制作スタッフ

［国際共同制作］ CuriosityStream（アメリカ）

［第1集］あなたの中の宝物“トレジャーDNA”

［取材協力］ 新学術領域「クロマチン潜在能」
東北メディカル・メガバンク機構
日本蛋白質構造データバンク
DeNA
キヤノン
日立ハイテクノロジーズ
横河電機

Joaquim Calado
Melissa Ilardo
井元清哉
大川恭行
太田博樹
長田直樹
鎌谷洋一郎
木村 宏
木村亮介
甲賀大輔
小林武彦
須谷尚史
高田彰二
高田史男
立和名博昭
土屋恭一郎
津金昌一郎
徳永勝士
中山潤一
秦健一郎
平野 勉
前島一博
宮野 悟
山崎浩史
吉成浩一
米澤隆弘

［映像提供］ Gray Television Group, Inc.
Nanolive
Parabon NanoLabs, Inc.
Rocky Conly LLC
Shutterstock
桜映画社
西村 智
山縣一夫

［音楽］ 川井憲次
［語り］ 太賀
久保田祐佳
［題字］ 西山佳郁
［声の出演］ 81プロデュース

［技術］ 五十嵐正文
［照明］ 北村匡浩
［映像デザイン］ 阿部浩太
［CG制作］ 築地Roy良
（以上、スタジオパート）
［撮影］ 高山直也
［照明］ 増田 隆
［映像技術］ 橘川勇太
［映像デザイン］ 倉田裕史
［VFX］ 高畠和哉
［CG制作］ 吉森元洋
［音声］ 緒形慎一郎
［音響効果］ 米田達也

［コーディネーター］ 上出麻由
［リサーチャー］ 相川はづき
［取材］ 坂元志歩
平川敦士
［編集］ 森本光則

［ディレクター］ 白川裕之
［制作統括］ 浅井健博
鈴木心篤

[第2集]“DNAスイッチ”が運命を変える

[取材協力] 新学術領域「クロマチン潜在能」
日本蛋白質構造データバンク
日立ハイテクノロジーズ
横河電機
読売新聞社・日本将棋連盟

Andrew P. Feinberg
石井俊輔
牛島俊和
大川恭行
太田邦史
岡田由紀
木村 宏
胡桃坂仁志
甲賀大輔
佐々木裕之
高田彰二
武田洋幸
立和名博昭
土屋恭一郎
中尾光善
中山潤一
西田栄介
原 純一
山縣一夫

[映像提供] Getty Images
NASA
Robert Markowitz
ROSCOSMOS
Shutterstock
ミオ・ファティリティ・クリニック
吉田嗣郎

[音楽] 川井憲次
[語り] 太賀
久保田祐佳
[題字] 西山佳邨
[声の出演] 81プロデュース

[撮影] 世宮大輔
[技術] 五十嵐正文
[照明] 中井智行
[映像デザイン] 阿部浩太
[CG制作] 築地Roy良
(以上、スタジオパート)
[撮影] 鈴木裕高
[照明] 荻野真也
[映像技術] 橘川勇太
[映像デザイン] 吉田まほ
[VFX] 高畠和哉
[CG制作] 増村美都
[音声] 緒形慎一郎
[音響効果] 米田達也

[コーディネーター] 早崎宏治
[リサーチャー] 小西彩絵子
[取材] 坂元志歩
福原暢介
[編集] 荒川新太郎

[ディレクター] 末次 徹
[制作統括] 浅井健博
鈴木心篤

装幀　岡 孝治
本文組版　岡田由美子＋鈴木美緒
第3部・帯　撮影　福森クニヒロ

シリーズ人体《じんたい》　遺伝子《いでんし》
健康長寿《けんこうちょうじゅ》、容姿《ようし》、才能《さいのう》まで秘密《ひみつ》を解明《かいめい》！

2019年 9月10日　第1刷発行
2021年 4月 9 日　第2刷発行

著　者　NHKスペシャル「人体《じんたい》」取材班《しゅざいはん》

発行者　鈴木章一

発行所　株式会社 講談社
〒112-8001
東京都文京区音羽2-12-21
電話　編集 03-5395-3522
販売 03-5395-4415
業務 03-5395-3615

印刷所　株式会社新藤慶昌堂
本文図版　朝日メディアインターナショナル株式会社
製本所　株式会社国宝社

定価はカバーに表示してあります。
落丁本·乱丁本は、購入書店名を明記のうえ、小社業務あてにお送りください。
送料小社負担にてお取り替えいたします。
なお、この本についてのお問い合わせは、第一事業局企画部にお願いいたします。

ISBN978-4-06-516913-1